KB075394

LÉGUMES

Conception graphique et mise en pages : Alice Leroy
Collaboration rédactionnelle : Estérelle Payany

Coordination FERRANDI Paris : Audrey Janet
Chefs cuisiniers FERRANDI Paris : Jérémie Barnay,
Stéphane Jakic et Frédéric Lesourd
Assistante technique : Mae Alfeche

Édition : Clélia Ozier-Lafontaine
Relecture : Sylvie Rouge-Pullon
Fabrication : Louisa Hanifi-Morard et Christelle Lemonnier
Photogravure : IGS-CP L'Isle d'Espagnac

© Flammarion, Paris, 2020
Originally published in French as:
Légumes: Recettes et techniques d'une école d'excellence

Korean Translation Copyright © Esoop Publishing Co., 2022
All rights reserved.
This Korean edition was published by arrangement with
Flammarion S.A. (Paris) through Bestun Korea Agency Co., Seoul.

페랑디 채소
1판 1쇄 발행일 2022년 6월 30일
페랑디 학교 펴냄
사   진 : 리나 누라
번   역 : 강현정
발행인 : 김문영
펴낸곳 : 시트롱 마카롱
등   록 : 제2014-000153호
주   소 : 경기도 파주시 책향기로 320, 2-206
페이지 : www.facebook.com/citronmacaron @citronmacaron
이메일 : macaron2000@daum.net
ISBN : 979-11-978789-0-9 03590

FERRANDI
PARIS

페랑디 채소

세계 최고 요리학교의
레시피와 테크닉

번역 강현정 ｜ 사진 리나 누라(Rina Nurra)

CITRON MACARON

책을 펴내며

100년 전에 개교한 **페랑디 파리**는 요리에 관한 종합적인 교육을 담당하고 있는 기관입니다. 최근 몇 년 간 저희 학교가 발간한 **페랑디 요리수업**와 **페랑디 파티스리**는 종합적인 지식과 맛있고 다양한 레시피들을 소개함으로써 조리 교육의 필수 교본이 되었고, 이에 힘입어 이후에는 **페랑디 초콜릿**과 같이 좀 더 특정된 분야에 대한 전문 노하우를 다룬 서적도 펴낸 바 있습니다. 요리와 디저트 책의 성공에 이어 이제는 채소라는 주제를 집중적으로 다뤄볼 차례가 되었습니다. 채소는 우리 식탁에서 그저 조연 역할에만 그치는 것이 아니라 그 본연의 가치를 지니고 있으면서도 종류와 활용법이 매우 다양한 식재료입니다.

오늘날 채소에 대한 관심이 점점 커지고 그 가치를 재평가하는 추세가 강해지고 있긴 하지만 프랑스 전통 요리에서 이 식재료는 종종 홀대받아온 것이 사실입니다. 역사적으로 곡물과 함께 인류가 영위해 온 식단의 기본을 이루고 있는 재료인 채소는 고기보다 덜 귀한 것으로 여겨졌으며 따라서 각종 요리책이나 고급 요리 메뉴에 등장하는 경우가 훨씬 적었습니다. 당근, 감자, 파, 배추, 돼지감자, 호박 등 다양한 종류의 채소는 스낵에서 디저트, 음료에 이르기까지 요리사의 창의력을 자극하며 무한한 가능성과 영감을 제공합니다.

페랑디 요리학교의 교육 철학 중심에는 전통적 기술과 노하우 전수뿐 아니라 창의적인 혁신이 자리하고 있습니다. 이 두 가지 목표를 균형있게 실현하기 위해 분야의 전문가들이 활동하고 있는 업계와 독보적이고도 긴밀한 연계를 유지하고 있으며 바로 이러한 노력 덕분에 **페랑디 파리**는 오늘날 선도적인 요리 교육 기관으로 인정받게 되었습니다. 페랑디가 이번에 소개하는 채소 요리책에는 방대한 레시피들뿐 아니라 재료를 다루는 기본 테크닉 및 전문가들의 소중한 조언들이 담겨 있습니다. 이 책은 가정에서 혹은 전문 업장의 주방에서 채소라는 멋진 식재료의 세계를 더 깊이 탐구하고 활용하기를 원하는 이들에게 유용한 자료가 될 것입니다.

이 책이 만들어지기까지 많은 도움을 주신 **페랑디 파리**의 구성원들, 특히 이 프로젝트 진행을 총괄한 오드리 자네(Audrey Janet)와 자신들의 기술과 노하우를 꼼꼼히 전수해주고 이를 각자의 창의적인 메뉴 및 테크닉과 연계해 채소가 갖고 있는 미식적 풍요로움을 보여주신 제레미 바르네(Jérémie Barnay), 스테판 자키(Stéphane Jakic), 프레데릭 르수르(Frédéric Lesourd) 수석 셰프님들께 깊은 감사를 표합니다. 경우에 따라 특정 채소를 싫어하는 분들이라도 혹은 어떤 연령대일지라도, 이 책이 채소에 관한 여러분의 판단에 새로운 영감의 기회를 제공하기를 기대합니다.

브뤼노 드 몽트(Bruno de Monte)
에콜 페랑디 파리 교장

목차

106　레시피

개요

FERRANDI Paris
페랑디 학교 소개

페랑디 파리는 요리, 파티스리, 레스토랑 운영 및 개발을 위한 인재 양성을 교육의 목표로 삼고 있으며 이를 통해 배출된 졸업생들은 프랑스뿐 아니라 해외의 조리업계 및 외식 경영 분야의 전문가로서 우수한 기량을 발휘하고 있습니다. 각종 언론매체로부터 '미식 교육계의 하버드'라는 평가를 받고 있는 **페랑디 파리**는 무엇보다도 이 직업군의 모든 지식과 노하우가 총집결되어 있는 프랑스의 최정상급 요리, 레스토랑 경영학교입니다. 파리 중심 생 제르맹 지역에 위치한 본교 및 보르도 캠퍼스, 곧 이어 개설되는 렌과 디종 분교를 아우르는 페랑디 학교는 외식 경영, 요리, 제빵, 제과, 호텔 매니지먼트 분야의 CAP(직업적성자격증)부터 전공 석사 과정(Master Spécialisé, bac +6)은 물론 해외 학생들을 위한 국제부 프로그램까지 포함한 총괄적 교과과정을 갖춘 프랑스의 유일한 요리 교육 기관입니다. 특히 현장에서 익히는 실습에 기반을 둔 효율적인 교육 방식을 채택하고 있으며 그 결과는 이 분야의 자격증 취득률로는 프랑스 최고 수준인 98%라는 놀라운 합격률로 증명되고 있습니다. 개교 100주년을 맞이한 **페랑디 파리**는 파리 일 드 프랑스(Paris-Île-de-France) 상공회의소에 소속된 교육 기관으로, 수 세대에 걸쳐 미식적 독보성과 혁신가로서의 재능으로 주목을 받는 셰프들 및 레스토랑 경영인들과 밀접한 연계를 유지해오고 있습니다. 언제 어디서나 최고를 지향하는 페랑디 학교는 기본 지식과 기술 학습, 새로운 혁신 능력, 경영 및 기업 역량 획득, 직업 현장에서의 실습을 기본 축으로 하는 교육에 중점을 두고 있습니다.

전문 업계와의 긴밀한 연계
요리와 외식 경영, 예술, 과학, 테크놀로지와 혁신이 공존하는 환경에서 이에 관한 지식을 습득하고 영감을 얻으며 아이디어를 교환하는 학습의 장인 **페랑디 파리**는 외식업계의 발전과 요리의 창의성에 대해 고민하는 저명한 인사들과 긴밀한 연계를 맺고 있습니다. 페랑디 학교에서는 매년 2,200명에 달하는 실습생과 학생들이 다양한 과정을 수강하고 있으며 30개 이상의 국가에서 온 약 300여 명의 해외 학생들이 국제부 프로그램에 참여하고 있습니다. 또한 직종 전환을 준비하는 일반인이나 평생교육 과정 신청자들의 숫자도 약 2,000명에 달하고 있습니다. 이들의 교육을 담당하는 100여 명의 교수진은 이미 프랑스 국내 또는 해외의 유수 기업 또는 업장에서 최소 10년 이상의 경력을 쌓은 최고 수준의 전문가들로 이들 중 몇몇은 프랑스 국가 명장(MOF) 타이틀 소지자이며 다수의 수상 경력을 보유하고 있습니다. 또한 ESCP 비즈니스 스쿨, AgroParis Tech(농업계열 그랑제콜), 프랑스 패션 인스티튜트(Institut Français de la Mode)와 파트너십을 맺고 있으며 해외의 협력 파트너인 미국 존슨앤웨일즈대학(Johnson & Wales Univ.), 홍콩이공대학(Hong Kong Polytechnic Univ.), 캐나다 퀘벡 호텔 조리학교(ITHQ Canada), 중국 관광 전문학교 등을 통해 교육의 폭을 더욱 확장

하고 있습니다. 이론과 실습은 분리될 수 없다는 신념하에 최고 수준의 교육을 지향하고 있는 **페랑디 파리**의 학생들은 프랑스 요리 명인 협회(Maîtres cuisiniers de France), 프랑스 국가 명장 연합(Société des Meilleurs Ouvriers de France), 유럽 요리사 협회(Euro-Toques) 등 요리 업계를 대표하는 전문가 단체들과도 활발한 교류를 이어나가고 있으며 이들 단체에서 주최하는 다양한 교내 경연대회나 이벤트에 적극 참여하여 실력과 기량을 발휘하고 있습니다. 또한 프랑스 문화를 전 세계에 홍보하는 앰배서더 역할을 톡톡히 하고 있는 **페랑디 파리**는 프랑스의 여러 관광 공사 및 협회(Conseil interministériel du Tourisme, Comité stratégique d'Atout France, Conférence des formations d'excellence au Tourisme)의 회원으로 가입되어 있으며 매년 점점 더 많은 해외 학생들을 유치하고 있습니다.

다양한 방식의 지식 전수
실습 교육 및 업계 현장 전문가들과의 긴밀한 협업에 기반을 둔 **페랑디 파리**의 지식 및 기술 전수는 이미 **페랑디 요리수업**과 **페랑디 파티스리**라는 두 권의 교본을 통해 많은 사람에게 제공된 바 있습니다. 여러 언어로 번역되었으며 높은 판매부수를 기록한 이 책들은 요리업계 실무자 및 전공자들뿐 아니라 일반 대중에게도 큰 관심을 끌었고 이후 보다 특정한 분야를 다루는 서적 기획의 포문을 열어주었습니다. 이어서 **페랑디 초콜릿**이 출간되었고 이번에는 '채소'라는 주제를 다루게 되었습니다. 당근, 파, 감자 등 각각의 채소를 다루는 방식이나 조리하는 방법은 모두 다

르기 때문에 이 식재료는 무한한 다양성을 제공해 줍니다. 페랑디 요리학교의 교수진은 이 책을 통해 자신들의 기술과 무한한 창의력을 결합하여 채소의 세계가 갖고 있는 미식적 풍요성을 우리에게 제시합니다.

다양한 가능성을 지닌 채소의 세계
채소의 세계는 고기에 비해 훨씬 더 다양한 가능성을 지니고 있습니다. 메인 요리의 부재료나 곁들임 등으로 그 역할이 과소평가되고 있기도 하지만 채소는 그 자체로서의 가치를 온전히 평가받을 자격이 있습니다. 우리가 소비하는 여러 채소들은 단맛(양파, 리크), 흙(비트), 잎(시금치, 상추), 회향(펜넬), 청량함(오이) 등 무궁무진한 풍미를 제공해줍니다. 또한 날것으로 먹었을 때의 아삭한 식감부터 익혀 먹을 때의 부드러움까지 매우 다채로운 식감을 선사합니다.

재능이 넘치는 페랑디 파리의 셰프들은 이 책을 통해 여러분들을 무한한 가능성을 가진 채소의 세계로 안내해줄 것입니다. 흔하고 수수한 채소라는 식재료가 독자적으로 혹은 고기, 생선, 해산물들과 어우러져 우리의 입맛을 어떻게 돋울 수 있는지 여러 방법을 제시해줄 것입니다. 여러분들은 썰기, 조리하기 등 채소를 다루는 기본 테크닉뿐 아니라 각 채소군 본연의 특징을 잘 살려낼 수 있는 섬세하고 창의적인 조리법을 배우게 될 것입니다. 이 책을 통해 맛있고 때로는 놀라움을 선사하는 채소의 세계에서 많은 영감을 얻게 되길 기대합니다.

채소의 기본

LES FONDAMENTAUX
DES LÉGUMES

채소란 무엇인가?

'채소'라는 단어는 식물학 용어가 아니다. 로베르 프랑스어 사전에서는 '인간이 음식으로 소비할 수 있는 모든 식용 식물을 지칭하는 일반 명사'로 정의하고 있다. 여기에는 뿌리, 구근류, 잎, 꽃, 열매 또는 씨앗 등 매우 다양한 형태, 맛, 식감을 가진 채소들이 포함된다. 이들이 갖고 있는 단 하나의 공통점은 모두 맛있게 먹을 수 있다는 것이다. 종종 식용 버섯(식물학적 분류상으로는 별개의 독립군에 해당한다)도 채소라는 범주 안에 포함시키곤 하며, 범위를 더 넓힌다면 해조류까지 아우르기도 하는데 이 또한 엄밀히 따지면 식물이 아닌 명백히 다른 범주에 속한다.

채소는 어떻게 분류할까?

식물학적 계통에 따른 분류법과 우리가 식용으로 소비하는 부위에 따른 분류법이 주로 사용된다.

식물학적 계통에 따른 분류

우리가 채소로 소비하는 식물들은 20종 이상의 식물계에 속한다. 하지만 대부분의 재배 채소들은 다음 8개의 군으로 분류할 수 있다.
. **미나리과(apiaceae 또는 umbelliferae)** : 당근, 셀러리, 처빌, 펜넬, 파스닙, 각종 향신 허브(파슬리, 커민, 고수, 러비지 등)
. **국화과(asteraceae 또는 compositae)** : 아티초크, 카르둔, 엔다이브, 치커리, 양상추, 샐서피, 돼지감자 등
. **십자화과(brassicaceae 또는 cruciferae)** : 양배추류(브로콜리, 콜라비, 사보이 양배추 등), 크레송, 순무, 무, 루콜라 등
. **비름과, 명아주과(amaranthaceae 또는 chenopodiaceae)** : 비트, 시금치, 근대 등
. **박과(cucurbitaceae)** : 호박, 단호박, 오이 등
. **콩과(fabaceae 또는 leguminosae)** : 잠두콩, 강낭콩, 완두콩, 렌틸콩 등
. **수선화과, 백합과(amarylliadaceae 또는 liliaceae)** : 마늘, 아스파라거스, 샬롯, 양파, 리크 등
. **가지과(solanaceae)** : 가지, 감자, 토마토, 고추, 피망 등

비전문가들에겐 정확한 분류가 어렵지만 이 분류법으로 나눈 그룹 안에는 각기 맛과 조리법에 있어 매우 다양한 채소들이 포함되어 있다.
이 책에서는 박과와 십자화과 채소들(다양한 종류의 호박과 양배추류)만 개별 항목으로 분류되어 있으며 다른 그룹들은 우리가 소비하는 채소 부위에 따른 분류법이 적용되어 있다.

소비되는 부위에 따른 분류

채소는 뿌리(당근, 비트), 잎(시금치, 샐러드용 상추류), 덩이줄기(감자), 열매(토마토, 가지), 구근(마늘, 양파), 줄기(아스파라거스), 깍지 안의 종자(강낭콩, 완두콩 등), 꽃(아티초크) 등 우리가 먹는 부분에 따라 분류할 수 있다. 이 책에서는 박과, 십자화과를 제외하고 모두 이 기준에 따라 채소들을 분류해 소개하고 있다.

과일인가 채소인가?

토마토, 주키니호박, 가지 등의 채소는 식물학적으로 과실 열매, 즉 과일에 해당한다. 또 하나의 흥미로운 예로 루바브 등 몇몇 과일은 사실 채소로 볼 수 있다. 이렇듯 식물학적 분류와 요리 재료로서의 상황이 언제나 정확히 일치하는 것은 아니다. 왜냐하면 채소는 과실 열매(속씨식물의 식용 가능한 기관)와 달리 식물학적으로 존재하는 것이 아니기 때문이다.

채소 재배의 다양한 유형

유기농 농법, 재래식 농법, 친환경 동물복지농법, 지속가능농법(permaculture), 집약농법, 온실 재배, 노지 재배 등 채소를 생산하는 방법은 여러 가지가 있으며 지구를 살리기 위한 성공적인 방식에 대해서는 많은 논의가 이어지고 있다.

요리사가 고려해야 할 가장 중요한 기준은 다음과 같다.
. **신선도** : 생산자와 소비자의 거리가 가까운 지역 생산 채소의 경우 더욱 높은 신선도를 보장할 수 있다.
. **맛** : 맛과 풍미는 품종과 재배 방식에 따라 달라진다. 제철에 완숙한 상태에서 재배한 채소는 맛과 풍미가 월등하다.
. **채소의 온전한 소비** : 줄기 및 자투리 부분까지 모두 소비할 수 있으려면 유기농, 친환경, 동물복지농법으로 재배한 채소를 고르는 것을 추천하며, 반드시 깨끗하게 씻은 후 섭취하는 것이 좋다.

채소 고르기

. **일반적으로 신선한 것일수록 맛도 좋다.** 단, 몇 주 정도 묵힌 뒤 먹어야 최상의 맛을 내는 뿌리결절 처빌과 같은 아주 흔치 않은 예도 있다.
신선한 채소는 단단하고 색이 선명해야 하며 흠집이 없고 잎이 시들지 않은 것이어야 한다. 갓 따서 빠른 시간 내에 조리한 채소일수록 맛과 영양가가 더 우수하다.

채소 준비하기

채소를 먹기 전에 깨끗이 씻고 물기를 닦아 불순물이나 세균을 제거하는 것이 매우 중요하다. 단, 물에 오래 담가둘 필요는 없다. 특히 샐러드용 잎채소 경우는 비타민(특히 비타민 B, C)의 손실을 막기 위해 물에 담가놓지 말고 재빨리 여러 번 씻는 게 좋다. 껍질을 벗기고 자른 다음에는 산화에 의한 갈변 및 비타민 손실 방지를 위해 반드시 냉장 보관해야 하며 최대한 빨리 소비하는 것이 좋다.

주의 : 몇몇 채소들(아보카도, 아티초크, 파스닙, 돼지감자, 셀러리악, 샐서피)은 자른 뒤 급격히 갈변하기 때문에 레몬즙을 뿌려두거나 식초 물에 담가 산화를 막아주어야 한다. 채소는 균일한 크기로 썰어야 고루 익힐 수 있다(p.52 썰기 참조). 또한 채소를 작게 자를수록 공기에 노출이 많이 되어 비타민과 무기질 손실이 더 커진다는 사실을 기억하자.

채소 익히기

채소 중에는 날로 또는 익혀서 먹는 것이 모두 가능한 것들도 있다. 하지만 감자와 같은 경우는 반드시 익혀 먹어야 함유된 전분이 우리 몸에 잘 소화 흡수되고 맛도 좋다. 채소를 너무 오래 가열해 익히면 비타민 등의 영양소 손실이 커진다. 이 책에는 증기로 찌기, 끓는 물에 삶기, 저수분 조리하기, 오븐에 굽기 등 모든 종류의 채소 조리 방법이 자세히 소개되어 있다(p.86 다양한 익히기 방식 참조).

낭비 없이 전부 활용하기

식재료를 소중히 다룬다는 것은 쓰레기로 버리는 것 없이 온전히 사용한다는 것과 일맥상통한다. 우리는 흔히 채소의 일부분만을 소비하는 데 익숙해져 있지만 당장 사용하지 않는 것은 보관해 두었다가 다른 요리에 활용하는 습관을 들이는 게 좋다. 다음의 예를 참고해보자.
. **잎채소류** : 근대의 경우 프랑스 남부에서는 오랫동안 녹색 잎 부분을 더 많이 사용했지만 리옹 지역에서는 흰색 줄기 부분을 선호하고 잎은 소홀히 다루었다. 가장 좋은 방법은 이 두 부분을 각기 다른 요리에 모두 사용하는 것이다. 또한 시금치를 다듬은 뒤 남은 줄기 부분은 버리지 말고 수프나 소스를 만들 때 활용하면 좋다.
. **뿌리채소, 덩이줄기 채소류** : 유기농 재배한 경우에 한해 껍질을 벗기지 않고 사용하거나 껍질을 벗긴 경우 그 껍질 자투리를 다른 용도로 사용할 수 있다. 돼지감자와 감자의 껍질은 바삭한 칩으로 만들 수 있으며, 파스닙 껍질은 국물에 넣으면 맛있는 향을 더할 수 있다. 래디시나 당근, 순무, 비트 등의 잎 줄기(무청)는 깨끗이 씻어 흙을 꼼꼼히 제거한 뒤 데쳐서 페스토나 수프 등에 활용할 수 있다.
. **샐러드용 상추류** : 시들거나 아삭한 신선함이 덜해진 상추류는 블루테 수프를 만들거나 허브와 함께 잘게 다져 견과류(호두, 헤이즐넛, 아몬드 등)와 약간의 올리브오일을 넣고 페스토를 만들 수 있다.
. **깍지콩류** : 종류에 따라 깍지 껍질째 먹을 수 있는 콩들도 있다. 완두콩의 경우 아삭한 녹색 깍지를 육수 등의 국물에 익힌 뒤 블렌더로 갈아 체에 거르면 맛있는 블루테 수프로 먹을 수 있다. 또한 잠두콩 깍지는 튀겨 먹어도 좋다.
. **박류** : 서양호박이나 단호박, 버터넛 스쿼시(땅콩호박)는 수확 후 화학처리 하지 않은 경우 껍질을 벗기지 않고 먹어도 된다. 호박씨는 긁어낸 뒤 따로 보관해 두었다가 구워서 아페리티프에 안주로 곁들이기도 한다.
. **배추류** : 덜 싱싱한 겉잎은 벗겨낸 뒤 버리지 말고 수프나 육수를 끓일 때 활용해보자. 콜리플라워를 감싸고 있는 겉잎의 억센 줄기는 껍질을 벗긴 뒤 팬에 볶거나 튀겨 먹으면 좋다. 브로콜리, 로마네스코 브로콜리, 콜리플라워의 심지 대는 깍둑 썰어 볶아 먹거나 생으로 샐러드에 넣어 먹을 수 있다.
. 유기농 재배한 모든 채소의 껍질은 **육수를 끓이는 데** 넣어 활용할 수 있다. 아스파라거스를 다듬고 남은 자투리와 억센 밑동도 활용할 수 있으니 버리지 말자.

또한 사용하고 남은 채소 찌꺼기들은 모두 퇴비로도 활용할 수 있다.

신선 채소 보관법

모든 채소는 살아 있는 세포로 이루어져 있으며 최대한 신선한 상태를 유지하기 위해 최적의 방식으로 보관해야 한다. 보관 조건은 채소마다 다르다. 냉장 보관이 여러 채소의 보존 기간을 늘려주긴 하지만 모든 채소를 냉장고에 보관해야 하는 것은 아니다. 어떤 것들은 빛이 들지 않는 곳에 보관해야 하고 또 어떤 것들은 온도 변화에 매우 취약하다. 수분이 충분히 공급되는 냉장고의 채소 칸은 너무 낮은 온도를 견디지 못해 잘 시들거나 수분을 손실하기 쉬운 채소들(잎채소, 과실 채소, 깍지콩류 등)을 보관하는 데 최적의 장소이다. 냉장고 채소 칸은 자주 청소하여 채소를 상하게 하는 세균을 제거해주어야 한다. 채소를 일단 자른 후에는 산화하고 변색되며 영양소가 손실되기 시작한다. 따라서 밀폐용기에 넣어 냉장고에 보관하고 최대 24시간 이내에 소비하는 것이 좋다.

과실 채소(토마토, 주키니, 아보카도, 피망, 가지)

주키니호박, 피망, 가지는 완숙된 상태에서 판매되므로 냉장고 채소 칸에 보관하는 것이 좋다. 토마토는 냉장고 보관에 적합하지 않으며 상온에서 숙성시키는 것이 좋다. 여름철, 날씨가 더울 때는 먹기 한두 시간 전 냉장고에 넣어 두면 식감이나 맛에 지장을 주지 않고 시원하게 먹을 수 있다.

후숙 과일에 속하는 아보카도는 수확한 이후에도 계속 숙성되기 때문에 냉장고에 넣어두는 것을 권장하지 않는다. 아보카도를 더 빨리 익히려면 종이봉투에 바나나와 함께 넣어두는 방법을 추천한다. 바나나에서 숙성을 촉진하는 에틸렌 가스가 분출되기 때문이다. 이 방법은 다른 과일의 숙성에도 적용해볼 수 있다.

샐러드용 잎채소류(시금치, 엔다이브, 근대, 수영, 크레송, 양상추 등)

금방 시들기 쉬운 이 채소들은 재배한 뒤 가능하면 빨리 소비해야 하며 냉장고에 보관한다. 근대는 냉장고에서 4일 정도 보관이 가능하다. 가스치환 팩에 포장되어 있는 바로 먹는 샐러드 채소의 경우 개봉한 후에는 다시 채소 칸에 냉장 보관하지 않는 것이 좋다.

줄기채소 및 구근류(아스파라거스, 펜넬, 리크, 셀러리, 마늘, 양파)

아스파라거스는 젖은 면포로 싸서 냉장고 채소 칸에 넣어두면 조금 더 오래 보관할 수 있다.

셀러리, 펜넬, 리크는 냉장고에서 5~7일 정도 보관 가능하다.

마늘, 양파, 샬롯 등의 구근류 채소는 빛이 들지 않는 건조한 장소에 보관해야 한다. 단, 햇채소의 경우는 냉장고에 넣어둔다.

뿌리채소 및 덩이줄기류(감자, 당근, 셀러리악, 돼지감자, 무, 래디시, 샐서피, 루타바가, 초석잠 등)

습기와 빛은 이 채소들의 적이므로 대부분 서늘하고 건조하며 빛이 들지 않는 곳에 보관한다. 예전에는 지하창고에 보관해 두고 먹었던 채소들이다. 핑크 래디시와 초석잠은 마르기 쉬우니 냉장고에 보관하는 것이 좋다.

햇감자나 베이비당근 등의 채소는 반드시 냉장고에 보관하는 것이 좋다.

박류(서양호박, 단호박, 버터넛 스쿼시, 패티팬 스쿼시, 차요테, 오이)

냉장고에 넣지 않고 보관하기 용이하다. 대개 시간이 지날수록 함유한 당분이 농축되어 더 맛이 좋아진다. 이 같은 저장채소는 선반 등에 올려놓고 서로 부딪지지 않도록 주의하면 겨울 내내 두고 먹을 수 있다. 단, 자른 서양호박은 냉장고에 보관해야 하며 48시간 이내로 소비해야 한다. 차요테와 주키니호박은 냉장고에서 5일 정도 보관 가능하다.

오이는 냉기에 취약하기 때문에 냉장고의 채소 칸에 보관해야 한다.

십자화과 채소

십자화과 채소 중에는 배추와 샐러드 채소처럼 냉장고에 보관하고 최대한 빨리 소비해야 하는 것들(청경채, 루콜라, 콜리플라워)도 있고 냉장고에 보관하긴 하지만 비교적 오래 보관할 수 있는 것들(사보이 양배추, 결구 양배추 등)도 있다. 박과 채소와 마찬가지로 콜리플라워와 결구 양배추는 충격에 취약하므로 운반할 때 부딪히지 않도록 주의해야 한다.

깍지콩류(완두콩, 잠두콩, 강낭콩)

깍지에 싸여 있는 잠두콩, 완두콩, 강낭콩 등은 마른 콩인 경우를 제외하고는 장기 보관이 어렵다. 일반적으로 깍지로 싸여 보호되고 있는 콩류는 완숙되지 않은 햇작물인 경우가 대부분으로 신선한 상태에서 오래 보관하기 어려우며 냉장고에서 3일 정도 보관 가능하다.

버섯류

버섯은 빛이 들지 않고 습기가 있는 곳을 좋아한다. 종이봉투에 싸서 냉장고 채소 칸이나 지하 저장고에 보관한다. 또한 냄새를 쉽게 흡수하므로 보관 시 강한 냄새가 나는 음식과 함께 두는 것을 피해야 한다.

기타 채소 저장법

- **발효** : 슈크루트, 김치, 코르니숑(오이 절임), 포도잎 등의 저장 음식
- **식초 절임** : 오이, 양파 등의 피클
- **건조** : 지중해 지역 국가에서는 토마토, 주키니호박, 피망, 가지 등을 건조해 저장한다. 이 방법은 버섯의 풍미를 유지하며 저장하는 데도 매우 효과적인 방법이다.
- **멸균** : 채소를 고온(110~120℃)으로 가열 살균해 보관하는 방법으로 색과 맛, 영양소의 일부가 손실될 수 있다.
- **급속냉동(-18℃)** : 채소를 끓는 소금물에 살짝 데쳐낸 다음 급속 냉동해 보관한다.

프랑스 채소 계절 일람표

1월	2월	3월	4월	5월	6월
마늘	아보카도	아보카도	아스파라거스	아스파라거스	아티초크
아보카도	당근	당근	바타비아 상추	가지	아스파라거스
당근	셀러리악	셀러리악	근대	바타비아 상추	가지
셀러리악	양송이버섯	양송이버섯	당근	근대	바타비아 상추
양송이버섯	치커리	치커리	셀러리악	적 비트	적 비트
치커리	양배추	양배추	양송이버섯	당근	근대
양배추	적채	적채	양배추	셀러리악	브로콜리
방울양배추	사보이 양배추	크레송(물냉이)	적채	양송이버섯	당근
적채	크레송(물냉이)	초석잠	크레송(물냉이)	양배추	셀러리
사보이 양배추	초석잠	(두루미냉이)	시금치	적채	셀러리악
크레송(물냉이)	(두루미냉이)	엔다이브	잠두콩	콜리플라워	양송이버섯
초석잠	엔다이브	케일	케일	오이	양배추
(두루미냉이)	케일	고구마	양상추	크레송(물냉이)	로마네스코
엔다이브	콘샐러드	리크(서양대파)	고구마	시금치	브로콜리
케일	(마타리 상추)	감자	감자	펜넬	콜리플라워
콘샐러드	고구마	검정 무	래디시	잠두콩	적채
(마타리 상추)	리크(서양대파)	샐서피		케일	오이
양파	감자			양상추	주키니호박
청경채	서양호박			소렐(수영)	시금치
고구마	검정 무			고구마	펜넬
리크(서양대파)	샐서피			감자	잠두콩
감자	돼지감자			래디시	그린빈스
서양호박					케일
검정 무					양상추
루타바가					순무
(스웨덴 순무)					소렐(수영)
샐서피					고구마
돼지감자					완두콩
					감자
					피망
					스노우피
					래디시
					자색감자

7월	8월	9월	10월	11월	12월
아티초크	마늘	아티초크	바타비아 상추	아보카도	아보카도
가지	아티초크	가지	적 비트	바타비아 상추	당근
바타비아 상추	가지	바타비아 상추	근대	당근	셀러리악
적 비트	바타비아 상추	적 비트	브로콜리	셀러리악	양송이버섯
근대	적 비트	근대	당근	양송이버섯	차요테
브로콜리	근대	브로콜리	셀러리악	치커리	치커리
당근	브로콜리	당근	셀러리	차요테	방울양배추
셀러리	당근	셀러리악	양송이버섯	방울양배추	배추
셀러리악	셀러리	셀러리	차요테	배추	양배추
양송이버섯	셀러리악	양송이버섯	치커리	양배추	적채
양배추	양송이버섯	양배추	방울양배추	적채	사보이 양배추
배추	양배추	배추	배추	사보이 양배추	서양호박
로마네스코	배추	콜리플라워	양배추	서양호박	호박
브로콜리	방울양배추	적채	적채	호박	크레송(물냉이)
적채	콜리플라워	로마네스코	콜리플라워	크레송(물냉이)	초석잠
콜리플라워	적채	브로콜리	사보이 양배추	초석잠	(두루미냉이)
오이	로마네스코	방울양배추	서양호박	(두루미냉이)	엔다이브
주키니호박	브로콜리	서양호박	호박	엔다이브	케일
시금치	오이	오이	크레송(물냉이)	시금치	청경채
펜넬	호박	호박	시금치	펜넬	파스닙
그린빈스	주키니호박	주키니호박	펜넬	케일	고구마
양상추	시금치	크레송(물냉이)	그린빈스	콘샐러드	리크(서양대파)
케일	펜넬	샬롯	양상추	(마타리 상추)	감자
옥수수	그린빈스	시금치	케일	청경채	검정 무
순무	케일	펜넬	옥수수	파스닙	루타바가
소렐(수영)	양상추	그린빈스	순무	고구마	(스웨덴 순무)
양파	옥수수	케일	소렐(수영)	리크(서양대파)	샐서피
고구마	순무	양상추	청경채	감자	돼지감자
패티팬스쿼시	소렐(수영)	옥수수	파스닙	단호박	
완두콩	청경채	순무	고구마	검정 무	
스노우피	고구마	소렐(수영)	리크(서양대파)	래디시	
감자	패티팬스쿼시	청경채	감자	루타바가	
피망	완두콩	파스닙	단호박	(스웨덴 순무)	
래디시	피망	고구마	루타바가	샐서피	
자색감자	감자	패티팬스쿼시	(스웨덴 순무)	돼지감자	
	자색감자	리크(서양대파)	샐서피	자색감자	
		피망	돼지감자		
		감자	자색감자		
		자색감자			

도구
MATÉRIEL

기본 주방도구

1. 토마토 필러 Éplucheur à tomates
2. 감자 필러 Éplucheur économe
3. 샤토 나이프 Couteau bec d'oiseau
4. 페어링 나이프 Couteau d'office
5. 생선용 필레 나이프 Couteau filet de sole
6. 셰프 나이프 Couteau éminceur

1. 탈착식 4면 강판 Râpe 4 faces amovibles
2. 원뿔형 체 Chinois
3. 고운 체망 Chinois-étamine
4. 만돌린 채칼(다양한 크기의 날 탈부착형)
   Mandoline + peignes
5. 멜론 볼러 Cuillères parisiennes

6. 제스터 Canneleur-zesteur
7. 채소 필러 Rasoir à légumes
8. 거품기 Fouet
9. 망국자 Écumoire

기본 주방도구(계속)

1. 냄비 뚜껑 Couvercles
2. 찜기 Cuit-vapeur
3. 소스 팬(편수 냄비) Casseroles (russes)

4. 튀김 냄비와 튀김 망 Bassine à friture + panier
5. 채소 그라인더(푸드밀)와 다양한 크기의 절삭 망
Moulin à purée + grilles

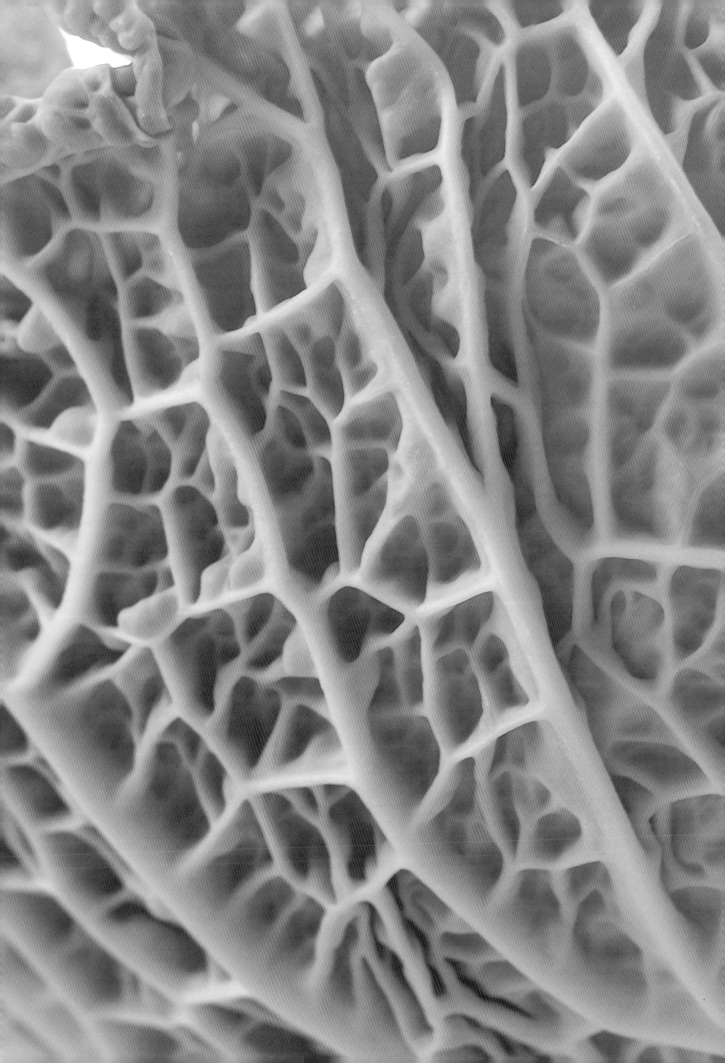

기본 테크닉
LES TECHNIQUES
DE BASE

손질하기, 씻기

샐러드용 잎채소 씻기
Laver une salade

식초를 조금 넣은 찬물에 샐러드용 잎채소(양상추, 바타비아 상추, 치커리, 오크리프, 콘샐러드, 루콜라 등)를 담가 씻어 불순물, 흙, 진딧물, 시든 잎 등을 제거한다.

재료
샐러드용 잎채소
흰 식초(물 1리터당 70ml)

도구
셰프 나이프
채소 탈수기

1 • 유리 볼에 물과 흰 식초를 넣는다.

2 • 칼로 상추의 밑동을 잘라낸다.

3 • 상추 잎을 조심스럽게 한 장 한 장 분리한 뒤 물에 담근다.

4 • 채소를 살살 헹궈 손으로 조심스럽게 건진다.

5 • 채소 탈수기에 넣고 돌려 물기를 뺀다.

향신 허브 씻기, 보관하기
Laver et conserver des herbes aromatiques

재료
각종 향신 허브
흰 식초(물 1리터당 7ml)

도구
유리 볼
종이타월

셰프의 조언

종이타월로 허브를 잘 싸서 밀폐용기에 넣은 뒤
냉장고에서 며칠간 보관할 수 있다.

1 • 식초 물이 담긴 유리 볼에 향신 허브를 담근다.

2 • 헹궈 건진 뒤 젖은 종이타월 위에 놓는다.

3 • 종이타월로 허브를 말아 감싸준다.

4 • 너무 꼭꼭 눌러 말지 않는다.

리크, 펜넬 씻기
Nettoyer un poireau ou un fenouil

재료
리크(서양대파)
펜넬
식초

도구
셰프 나이프

셰프의 조언

리크는 흰 부분이 많고 잎이 진한
녹색을 띤 것으로 고른다.

1 • 리크 녹색 부분의 약 2/3를 잘라낸 다음 길게 반으로 자른다.

2 • 흰 부분의 뿌리 쪽 끝을 잘라낸다. 싱싱하지 않은 겉잎은
벗겨낸다.

3 • 펜넬을 반으로 자른 뒤 밑동을 삼각형 모양으로 잘라낸다.

4 • 싱싱하지 않은 바깥쪽 잎은 벗겨낸다.

5 • 식초 물을 담은 볼에 리크를 넣고 불순물을 깨끗이 제거하며 씻어준다.

6 • 깨끗이 씻은 리크를 물에서 건진다.

7 • 펜넬도 같은 방법으로 식초 물에 담가 꼼꼼히 헹궈 씻는다.

버섯 씻기
Nettoyer des champignons

재료
각종 버섯

도구
페어링 나이프
주방용 붓

1 • 포치니버섯(cèpes) 처럼 사이즈가 큰 것들은 밑동을 연필 모양으로 뾰족하게 깎아준다.

2 • 작은 버섯들은 밑동의 흙 묻은 부분을 잘라낸다.

3 • 꾀꼬리버섯(chanterelles)이나 뿔나팔버섯(trompettes-de-la-mort)류의 버섯은 물에 담근 뒤 재빨리 씻어 건진다.

4 • 턱수염버섯(pieds-de-mouton)이나 포치니버섯류는 물을 적신 붓으로 문질러 씻어준다. 물을 흡수하기 쉬우니 직접 물속에 담그지 않는다.

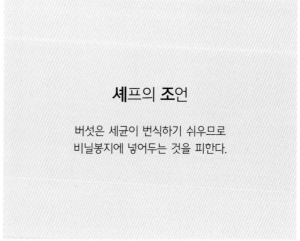

셰프의 조언

버섯은 세균이 번식하기 쉬우므로
비닐봉지에 넣어두는 것을 피한다.

아스파라거스 손질하기
Préparer des asperges

재료
아스파라거스

도구
페어링 나이프
주방용 실
채소용 필러

셰프의 조언

아스파라거스는 대가 곧고 단단하며
머리의 비늘 같은 겉 부분이 탄탄하게 오므려진 것,
밑동은 약간 윤기가 나는 것으로 고른다.

1 • 아스파라거스의 질기고 단단한 밑동을 잘라낸 다음 작은
칼로 얇은 비늘같이 생긴 눈을 떼어낸다.

2 • 아스파라거스를 뉘어 놓고 한쪽 끝을 잡은 다음 필러를
이용해 껍질을 얇게 벗긴다.

3 • 머리가 끝나는 부분에 칼끝으로 살짝 칼집을 내어 경계를
표시한다.

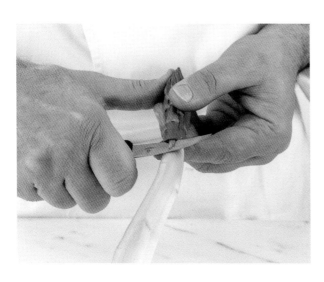

4 • 표시한 경계선까지 껍질을 꼼꼼히 다듬어 벗긴다.

5 • 아스파라거스를 몇 개씩 모아 다발로 쥔 다음 주방용 실로 두 세번 감아준다.

6 • 매듭을 지어 다발을 묶는다.

토마토 껍질 벗기기, 씨와 속 제거하기

Monder et épépiner des tomates

이 테크닉은 잠두콩, 생아몬드, 복숭아, 천도복숭아 등에도 적용 가능하다.

재료
토마토

도구
페어링 나이프
망국자

1 • 칼로 토마토 꼭지를 도려낸다.

2 • 반대쪽에 십자로 칼집을 낸다.

3 • 토마토를 끓는 물에 넣어 20초간 데친다.

4 • 토마토를 망국자로 건져 찬물에 담가 더 이상 익는 것을
중지시킨다.

5 • 껍질을 쉽게 벗길 수 있다.

6 • 토마토를 길이로 이등분한다.

7 • 작은 스푼을 이용해 속과 씨를 조심스럽게 꺼낸다.

피망 껍질 벗기기, 씨와 속 제거하기(오븐 사용)
Monder au four et épépiner des poivrons

재료
피망
올리브오일

조리
40분

도구
페어링 나이프
오븐용 바트와
그릴 망

1• 바트에 그릴 망을 놓고 그 위에 피망을 올린다.
올리브오일을 고루 뿌린 뒤 140℃로 예열한 오븐에 넣어 40분간 굽는다.

2 • 꺼내서 랩을 씌운 뒤 식힌다.

3 • 페어링 나이프로 피망 껍질을 벗긴다.

4 • 피망의 씨를 제거한다.

셰프의 조언

이 피망의 과육은 마늘, 타임을 넣은 올리브오일과 함께
밀폐용 병에 넣어 냉장고에서 5~7일간 보관할 수 있다.

피망 껍질 벗기기(주방용 토치 사용)
Monder au chalumeau des poivrons

재료
피망

휴지
20분

도구
토치
주방용 랩
유리 볼

1 • 토치로 피망 껍질 전체를 그슬려 태워준다. 화상을 입지 않도록 주의한다.

2 • 표면을 완전히 그슬린 후 랩으로 잘 싸서 20분간 그대로 둔다.

3 • 랩을 벗겨내고 피망을 물에 담가 문지르며 껍질을 벗겨낸다.

셰프의 조언

가스불이나 바비큐 불꽃에 직접 그슬려도 좋다.
언제나 안전에 주의한다.

완두콩 깍지 까기

Écosser des petits pois

재료
깍지 완두콩

콩깍지 심지를 따라 살짝 눌러 깍지를 벌린 다음 안의 콩알을 꺼낸다.

그린빈스 손질하기
Préparer des haricots verts

재료
그린빈스

1 • 엄지와 검지로 그린빈스(줄기콩)의 양쪽 끝 꼭지를 따낸다.

셰프의 조언

그린빈스는 길고 모양이 고르며
단단하고 선명한 녹색을 띠는 것으로 고른다.

2 • 끝부분을 탁하고 끊어준다. 경우에 따라 심지줄기가 길게
딸려 나오면 잡아당겨 제거해준다.
다른 쪽 끝부분도 마찬가지 방법으로 끊어준다.

채소 퓌레 만들기
Préparer une purée

재료
채소(당근, 순무, 감자)
마늘 1톨
버터
소금, 후추

도구
체망
채소 그라인더(푸드밀)

1 • 채소를 씻어 껍질을 벗긴 뒤 적당한 크기로 썬다.

셰프의 조언

마지막에 향이 있는 오일(호두 오일, 헤이즐넛 오일,
참기름 등)을 한 바퀴 둘러 퓌레에 개성있는 풍미를
더해도 좋다.

2 • 마늘의 껍질을 벗긴 뒤 칼날로 눌러 짓이긴다.

3 • 소금물에 채소를 넣고 끓여 속까지 무르도록 익힌다.

4 • 채소가 모두 익으면 체망에 건져낸다. 삶은 물은 다른
레시피에 사용할 수 있다.

5 • 익힌 채소를 푸드밀에 넣고 돌려 갈아준다.

6 • 버터를 한 조각 넣어 매끈하게 섞어준다. 간을 맞춘다.

자르기, 썰기

허브 다지기
Hacher des herbes

재료
향신 허브

도구
셰프 나이프

셰프의 조언

허브는 향이 금세 날아갈 수 있으므로 더운 요리에
사용할 때는 맨 마지막에 다져서 넣어준다.

1 • 허브 한 줌을 손가락으로 쥔 다음 칼로 굵직하게 썬다.

2 • 칼을 가로로 놓고 날끝을 눌러 고정한 뒤 반대쪽을
들어올린다.

3 • 시소처럼 칼을 움직이며 허브를 잘게 다진다.

얇게 저며 썰기
Émincer

재료
양파

도구
셰프 나이프

셰프의 조언

만돌린 슬라이서나 커팅 날을 장착한 푸드 프로세서를
이용해 각종 채소나 과일, 또는 고기 등을
얇게 잘라도 된다.

1 • 양파의 껍질을 벗긴 뒤 세로로 이등분한다.

2 • 밑동을 잘라낸다.

3 • 2~3mm 두께로 얇게 썬다.

잘게 썰기
Ciseler

재료
샬롯

도구
페어링 나이프

셰프의 조언

향신 허브를 돌돌 말아 얇게 썬 다음
다시 잘게 다지듯 썰어도 된다.

---

1 • 샬롯의 껍질을 벗긴 뒤 길이로 잘라 이등분한다.

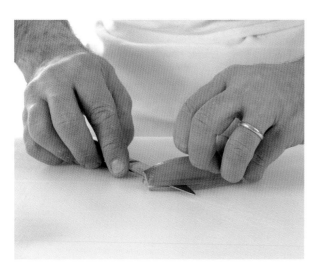

2 • 손가락을 안으로 구부려 잡은 뒤 칼날을 바닥과 평행하게 놓고 샬롯을 가로로 여러 층으로 자른다. 이때 끝까지 완전히 절단하지 않고 붙여둔다.

3 • 길이 방향으로 위에서 아래로 잘게 자른다.

4 • 잡은 손가락과 나란한 방향으로 잘게 썬다.

쥘리엔 썰기
Tailler en julienne

가늘게 채 썬 채소들은 다르블레(Darblay) 채소 포타주 등과 같은 다양한 프랑스 요리에 들어간다.
이 테크닉은 많은 종류의 채소에 적용할 수 있다.

재료
당근
리크(서양대파)

도구
만돌린 슬라이서
셰프 나이프

1 • 당근의 껍질을 벗긴 뒤 씻는다. 6cm 크기로 토막낸 다음 만돌린 슬라이서를 사용해 세로로 얇게 저민다.

2 • 아주 가늘게 채 썬다.

3 • 같은 방법으로 리크도 채 썬다. 우선 리크의 흰부분을 6cm 길이로 토막낸 다음 세로로 잘라 이등분한다.

4 • 가늘게 채 썬다.

브뤼누아즈 썰기
Tailler en brunoise

채소를 사방 2mm 크기의 정육면체로 작고 균일하게 써는 방법으로 이 채소들은 주로 각종 채소를 넣는 포타주(Minestrone, cultivateur)에 넣거나 향신 채소, 가금육이나 생선에 채워 넣는 소 재료 등으로 사용된다.

재료
당근

도구
만돌린 슬라이서
셰프 나이프

1 • 당근의 껍질을 벗기고 씻는다. 적당한 크기로 토막내고 끝 부분을 잘라낸 다음 기둥 부분을 조금 저며내어 평평하게 만든다. 만돌린 슬라이서를 사용해 2mm 두께로 얇게 저민다.

2 • 사방 2mm 두께의 길쭉한 막대 모양으로 썬다.

3 • 2mm 크기의 정육면체가 되도록 작게 깍둑 썬다.

페이잔 썰기
Tailler en paysanne

자투리 낭비 없이 채소(당근, 리크, 셀러리, 순무 등)를 써는 간단한 방법이다.

재료
당근

도구
셰프 나이프

1 • 당근의 껍질을 벗긴 뒤 씻는다. 길이로 반을 자른 뒤 단면을 바닥에 놓고 각기 부채꼴 모양으로 길게 3등분한다.

셰프의 조언

포타주용으로 채소를 사방 1cm, 두께 2mm의 정사각형 페이잔으로 썰어 사용하기도 한다.

2 • 반대 방향으로 놓고 2mm 두께로 얇게 썬다.

미르푸아 썰기
Tailler en mirepoix

당근, 양파, 셀러리 등의 채소를 굵직하게 깍둑 썬 혼합물로 각종 육수, 소스 및 요리의 향신 재료로 사용된다.

재료
양파
당근

도구
셰프 나이프

1 • 양파의 껍질을 벗긴 뒤 세로로 이등분한다. 절단면을 바닥에 놓고 가로로 두 번 정도(양파 크기에 따라 조절) 깊게 칼집을 넣어 자른다.

2 • 세로로 3~4번(양파 크기에 따라 조절) 잘라 일정한 크기의 굵직한 큐브 모양을 만든다.

3 • 당근도 같은 방법으로 썬다. 껍질을 벗기고 씻은 당근을 길이로 이등분한 뒤 다시 반으로 길게 자른다.

4 • 일정한 크기로 깍둑 썬다.

어슷썰기
Tailler en sifflets

이 테크닉은 긴 원통형 채소(리크, 당근, 오이, 주키니호박 등)에 모두 적용할 수 있다.

재료
리크

도구
셰프 나이프

리크를 가로로 놓고 일정한 크기가 되도록 사선으로 썬다.

마세두안 썰기
Tailler en macédoine

브뤼누아즈와 미르푸아의 중간 크기로 채소와 과일을 써는 방법이다. 일반적으로 마세두안으로 썬 채소는 따로 끓는 물에 삶아 찬물에 헹궈 식힌 뒤 마요네즈로 버무려 차가운 애피타이저로 서빙하거나 버터에 살짝 볶아 요리의 가니시로 사용한다.

재료
당근
순무

도구
셰프 나이프

1 • 채소의 껍질을 벗긴 뒤 씻는다. 약 5mm 두께의 길쭉한 막대 모양으로 자른다.

셰프의 조언

마세두안으로 깍둑 썰기 전, 만돌린 슬라이서(채칼)을 이용해 길쭉한 모양으로 썰어도 좋다.

2 • 길쭉하게 썬 채소를 모아 쥔 다음 5mm 크기의 작은 큐브 모양으로 썬다.

아티초크 돌려깎기
Tourner un artichaut

재료
아티초크
레몬 또는 시트르산(구연산) 1티스푼

도구
페어링 나이프
멜론 볼러

1 • 아티초크 줄기를 손으로 잡고 섬유질까지 끊어지도록 한 번에 탁 부러트린다.

셰프의 조언

아티초크는 조직이 단단하고 잎이 촘촘하게 싸여 있으며 상처가 없는 것으로 골라야 한다.

2 • 겉잎을 손으로 떼어낸 다음 안쪽의 연한 잎도 대부분 떼어낸다.

3 • 페어링 나이프로 중앙의 속잎을 속살 밑동까지 잘라낸다.

4 • 속살을 다듬어 자른다.

5 • 아래쪽 녹색 부분을 모두 잘라낸다.

6 • 멜론 볼러를 사용해 속살 중앙의 솜털 부분을 파낸다.

7 • 속살 가장자리를 깔끔하게 돌려 깎는다.

8 • 갈변을 막기 위해 레몬 또는 시트르산을 넣은 물에 담가둔다.

작은 아티초크 돌려깎기
Tourner un artichaut poivrade

재료
작은 자색 아티초크
레몬 또는 시트르산(구연산) 1티스푼

도구
페어링 나이프 또는 샤토 나이프
멜론 볼러

1 • 아티초크 줄기를 4~5cm 정도 남긴 상태에서 칼로 잘라준다.

2 • 손으로 겉잎을 몇 겹 벗겨낸 다음 안쪽의 연한 잎들도 대부분 떼어낸다. 중앙의 속잎을 속살 높이까지 잘라낸다.

3 • 작은 칼로 줄기의 껍질을 벗겨낸다.

4 • 아티초크의 속살을 다듬어 깎는다.

5 • 속살에 레몬을 문질러 갈변을 방지한다.

6 • 길이로 잘라 이등분한다. 멜론 볼러를 사용해 안쪽의 솜털을
도려낸다.

7 • 레몬이나 시트르산을 넣은 물에 담가둔다.

버섯 돌려깎기
Tourner un champignon

재료
양송이버섯

도구
페어링 나이프

셰프의 조언

아티초크 속살에도 이 테크닉을 적용할 수 있다.

1 • 손으로 칼의 날을 잡고 버섯 위 중앙 부분에 댄 다음 살짝 눌러준다.

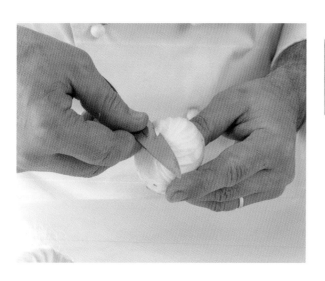

2 • 버섯 모양의 굴곡을 따라 칼날을 움직이며 저미듯 홈을 내준다.

3 • 그대로 날을 버섯 아래쪽으로 움직이며 끝까지 잘라낸다.

4 • 같은 방법으로 반복하여 버섯 표면 전체에 균일한 홈을
　　내어준다.

버섯 어슷하게 썰기
Escaloper un champignon

재료
양송이버섯

도구
페어링 나이프

1 • 양송이버섯의 밑동을 잘라낸다. 머리 부분을 어슷하게
반으로 자른다.

셰프의 조언

양송이버섯은 갓이 피지 않고
밑동과 단단히 붙어 있는 것으로 고른다.

2 • 다시 사선으로 어슷하게 눕혀 반으로 잘라 총 4등분한다.

74

버섯 뒥셀 준비하기

Préparer une duxelles de champignons

재료
양송이버섯

도구
생선용 필레 나이프

1 • 양송이버섯의 밑동을 잘라낸 다음 머리 부분을 가로로 얇게 3등분한다.

2 • 세로로 가늘게 3~4등분한다.

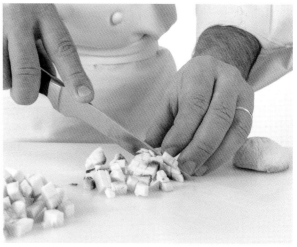

3 • 사방 2~3mm 정도 크기로 잘게 깍둑 썬다.

감자 돌려깎기
Tourner une pomme de terre

재료
감자

도구
페어링 나이프 또는 샤토 나이프

셰프의 조언

살이 단단한 품종의 감자를 선택한다.

1 • 감자의 껍질을 벗기고 씻은 뒤 양쪽 끝을 잘라낸다. 이어서 감자의 크기에 따라 길이로 2등분 또는 4등분한다.

2 • 자른 조각을 들고 엄지로 단단히 지탱한 다음 칼날을 위에서 아래로 곡선을 따라 움직이며 갸름하게 깎는다.

3 • 감자 조각의 모든 면을 같은 방법으로 깎아 중간 부분이 통통한 타원형을 만든다.

퐁뇌프 감자 썰기
Préparer des pommes Pont-Neuf

1830년대 파리의 퐁뇌프 다리 위 노점상에서 판매되던 프렌치프라이에 붙여진 이름이다.

재료
감자

도구
셰프 나이프

셰프의 조언

감자를 기름에 두 번 튀기는 것을 권장한다.
먼저 160℃의 기름에서 4~6분 튀겨 익힌 다음
180℃ 기름에서 노릇한 색이 나도록 몇 분간 더 튀긴다.
이렇게 튀겨내면 겉은 바삭하며 안은 촉촉하고
부드러운 감자튀김을 만들 수 있다.

1 • 감자의 껍질을 벗긴 뒤 가장자리 면을 반듯하게 잘라낸다.

2 • 약 1cm 두께로 슬라이스한다.

3 • 1cm 두께의 막대 모양으로 자른다.

폼 안나 감자 썰기
Tailler en rosace pour pommes Anna

재료
감자

도구
지름 3.5cm 원형 커터
만돌린 슬라이서
폼 안나용 틀 또는 논스틱 팬

1 • 감자의 껍질을 벗기고 씻은 다음 원형 커터로 찍어 균일한 크기의 원통형으로 만든다. 만돌린 슬라이서를 사용해 두께 2mm로 얇게 잘라낸다.

2 • 틀이나 팬 중앙에 감자를 한 장 놓고 이를 중심으로 조금씩 겹쳐가며 빙 둘러 배치한다.

3 • 겹쳐지는 간격이 일정하도록 주의하며 계속 감자 슬라이스를 빙 둘러 채운다.

와플 모양 감자 썰기
Préparer des pommes gaufrettes

재료
감자

도구
만돌린 슬라이서(와플 컷 전용 물결 무늬 커팅 날 장착)

1 • 감자의 껍질을 벗긴 뒤 씻는다. 물결 무늬 커팅 날을
장착한 만돌린 슬라이서에 감자를 놓고 2mm 두께로
슬라이스한다.

셰프의 조언

• 감자를 슬라이스하고 난 다음 물에 헹궈
전분을 제거하는 것이 매우 중요하다.
모양이 흐트러지지 않도록 조심하며
수분을 제거한 뒤 170℃ 기름에
소량씩 넣어 튀긴다.

• 일반 감자 대신 자색 감자나
고구마를 사용해도 좋다.

2 • 한 장 한 장 슬라이스할 때마다 감자를 90도 회전해
와플처럼 구멍이 난 모양을 만든다.

알뤼메트 감자 썰기
Préparer des pommes allumettes

재료
감자

도구
만돌린 슬라이서
셰프 나이프

1 • 감자의 껍질을 벗긴 뒤 씻는다. 만돌린 슬라이서에 감자를 놓고 5mm 두께로 슬라이스한다.

셰프의 조언

포실한 분질 감자 품종(Bintje, Manon, Agria, Monalisa 등)을 선택하는 것이 좋다. 전분 함량이 높아 더욱 바삭하고도 가벼운 식감의 결과물을 얻을 수 있다.

2 • 슬라이스한 감자의 가장자리를 반듯하게 잘라 다듬은 뒤 5mm 폭의 가는 막대 모양으로 썬다.

채소 띠 모양 썰기
Préparer des tagliatelles de légumes

재료
무

도구
만돌린 슬라이서
셰프 나이프

1 • 무의 껍질을 벗긴 뒤 씻는다. 만돌린 슬라이서에 길게 놓고 약 1mm 두께로 얇게 슬라이스한다.

셰프의 조언

얇은 띠 모양으로 썬 채소는 끓는 물에 넣어
재빨리 데쳐내야 살캉살캉한 식감을 유지할 수 있다.
데쳐낸 채소를 버터를 녹인 팬에 슬쩍 한 번 익힌 다음
향신 재료 또는 양념을 넣어준다.

2 • 얇게 썬 무를 몇 장씩 겹쳐놓고 1cm 폭으로 길게 썬다.

채소에 홈 내어 썰기
Canneler

재료
당근

도구
제스터(홈을 낼 수 있는 날이 장착된 것)

셰프의 조언

길게 홈을 판 다음 꽃처럼 모양을 내어 자른 당근은
주로 나주(nage) 또는 쿠르부이용(court bouillon)에
향신 재료 건더기로 사용된다.

1 • 당근의 껍질을 벗긴 뒤 씻는다. 제스터 측면의 홈을 이용해
위해서 아래로 길게 깎아낸다.

2 • 당근의 표면 전체에 일정한 간격으로 홈을 길게 내준다.

3 • 당근을 얄팍하게 썰어 꽃모양으로 만든다.

구슬 모양으로 도려내기
Faire des billes de légumes

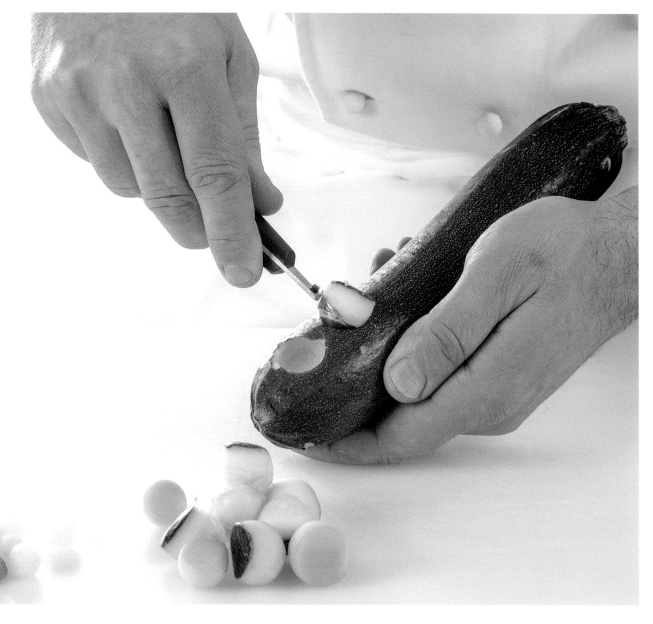

재료
각종 채소(주키니
호박, 당근, 순무
등)

도구
멜론 볼러

채소를 씻는다. 멜론 볼러를 깊이 박은 뒤 돌리듯이 움직여 살을 동그랗게 도려낸다.

익히기

양배추 데치기
Blanchir un chou

양배추 잎을 사용하기 전 살짝 익혀 나른하게 숨이 죽도록 만드는 테크닉이다.

재료
양배추
굵은소금

조리
3~4분

도구
망국자
식힘 망

1 • 양배추 잎을 한 장씩 떼어 소금을 넉넉히 넣은 끓는 물에
담근다.

2 • 다시 끓을 때까지 가열하며 양배추 잎을 망국자로 눌러준다.
이 상태로 3~4분간 익힌다.

3 • 양배추 잎을 건져 얼음물에 넣어 식힌 뒤 망 위에 올려
물기를 빼준다.

감자 데치기

Blanchir des pommes de terre

감자를 튀기거나 볶아 조리하기 전 불순물을 제거하고 미리 살짝 익히는 테크닉이다.

재료
감자

도구
망국자

1 • 감자의 껍질을 벗기고 씻는다. 경우에 따라 일정한 모양으로 돌려깎기 한다. 준비한 감자를 찬물이 담긴 냄비에 넣는다.

셰프의 조언

감자를 균일한 크기로 잘라 사용해야
팬에 조리할 때 고르게 익힐 수 있다.

2 • 끓을 때까지 가열한 뒤 망국자로 감자를 건져낸다.

끓는 물에 익히기
Cuire à l'anglaise

재료
그린빈스
굵은소금

조리
약 5분

도구
망국자

1 • 그린빈스를 씻어 양끝 꼭지를 따고 다듬은 뒤 끓는 소금물에
넣어 굵기에 따라 4~5분간 삶는다.

셰프의 조언

끓는 물에 단시간 데쳐내는 방법으로
채소 본연의 풍미와 비타민을 보존할 수 있다.

2 • 망국자로 그린빈스를 건져낸다. 그린빈스는 살캉살캉한
상태로 익혀야 한다.

3 • 즉시 얼음물에 넣어 더 이상 익는 것을 중단시키고 선명한
녹색을 유지시킨다.

증기에 찌기
Cuire à la vapeur

유지류를 첨가하지 않고 수분의 증기로 익히는 방법. 재료가 물과 직접 닿지 않게 찜기 위에 놓고 뚜껑을 닫은 상태로 익힌다.

재료
각종 채소

도구
찜기

1 • 채소의 껍질을 벗기고 씻은 뒤 용도에 따라 적당한 크기로 자른다.

2 • 찜통 냄비에 물을 채우고 찜기 판 위에 채소를 올린다.

3 • 뚜껑을 닫고 채소가 속까지 부드럽게 익을 때까지 찐다.

포칭, 삶기
Pocher

재료의 맛과 색이 끓이는 액체에 너무 많이 빠져나가지 않도록 보존할 수 있는 익힘 방법이다.

재료
당근
소금

도구
망국자

넉넉한 양의 소금물이 끓고 있는 냄비에 당근을 넣어 부드럽게 익을 때까지 데친다.

브레이징, 조리기
Braiser

향신 재료를 볶다가 양상추, 엔다이브, 펜넬, 순무 등의 채소를 넣고 물, 또는 채소 육수를 자작하게 부은 뒤 뚜껑을
닫고 오븐에 넣어 뭉근하게 천천히 익히는 테크닉이다.

재료
향신 재료(양파, 당근, 마늘, 타임 등)
쉬크린(sucrine) 상추, 양상추 등
채소 육수
버터

조리
30분

도구
유산지

1 • 양파와 당근의 껍질을 벗기고 씻은 뒤 페이잔 썰기 한다.
냄비에 버터를 조금 두른 다음 양파와 당근을 넣고 색이 나지
않게 볶는다.

2 • 쉬크린 상추를 그 위에 얹고 마늘과 타임을 넣어준다.

3 • 채소 육수를 재료 높이까지 붓고 끓을 때까지 가열한다.

4 • 유산지를 냄비 지름에 맞춰 자르고 중앙에 구멍을 낸 뒤 재료 위에 덮어준다.

5 • 냄비 뚜껑을 덮고 180℃로 예열한 오븐에 넣어 30분 정도 익힌다.

셰프의 조언

재료 위에 돼지껍데기를 덮어주면 오븐에서 익는 도중 재료가 마르는 것을 방지할 뿐 아니라 익히는 국물에 지방이 녹아들어 더욱 풍부한 맛을 낼 수 있다.

그릴, 굽기
Griller

재료
주키니호박
올리브오일
소금, 후추

도구
무쇠 그릴팬
만돌린 슬라이서
주방용 붓

1 • 무쇠 그릴팬을 뜨겁게 달군 뒤 기름을 조금 붓는다.
종이타월로 기름을 고루 펼쳐 바른다.

2 • 주키니호박을 씻은 뒤 만돌린 슬라이서에 놓고 길이로
얇게 썬다. 소금, 후추로 간을 한 다음 뜨거운 그릴팬에 놓고
기름을 조금 뿌린다. 붓으로 고루 펴발라준다.

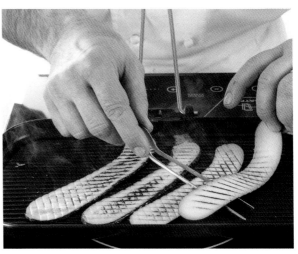

3 • 호박 슬라이스를 뒤집어가며 굽는다. 위치를 바꾸어
격자무늬로 구운 자국을 내주면 좋다.

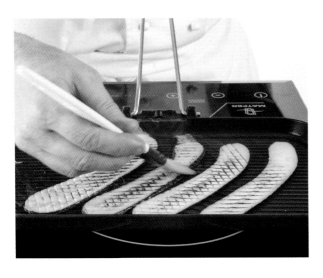

4 • 뒤집어서 다시 기름을 발라준다.

5 • 팬에서 꺼낸다.

튀기기
Frire

재료
양파
우유
밀가루
튀김용 기름
소금, 후추

도구
튀김 냄비와 튀김 망
(또는 전기 튀김기)
망 건지개

1 • 양파를 씻은 뒤 얇은 링 모양으로 썬다. 양파를 우유에
담갔다 뺀 다음 밀가루를 고루 묻힌다. 뜨거운 기름에
넣어준다.

2 • 튀긴다.

3 • 노릇한 색이 나면 망으로 건진다.

4 • 종이타월 위에 튀김을 놓아 여분의 기름을 제거한다. 소금, 후추로 간한다.

빵가루 입혀 튀기기
Paner à l'anglaise

재료
감자
밀가루
달걀(풀어준다)
빵가루(갓 갈아
촉촉한 것, 마른 것
모두 가능)

튀김용 기름

도구
튀김 냄비와 튀김 망
(또는 전기 튀김기)
망 건지개

1 • 감자의 껍질을 벗긴 뒤 도톰한 두께로 동그랗게 자른다.
먼저 밀가루에 놓고 굴려 고루 묻힌다.

100

2 • 풀어둔 달걀에 담갔다 건진다.

3 • 마지막으로 빵가루에 굴려 고루 묻힌다.

4 • 뜨거운 기름에 넣고 빵가루 튀김옷이 노릇한 색이 될 때까지
튀긴다.

5 • 망국자로 건져 종이타월 위에 놓고 남은 기름을 제거한다.

튀김옷 반죽 입혀 튀기기
Tempura

재료
탄산수 200ml   옥수수전분 60g
달걀노른자 1개   튀김용 낙화생유
밀가루 110g   소금
시소 잎 큰 것 6장

도구
튀김 냄비와 튀김 망
(또는 전기 튀김기)
망 건지개
거품기
주방용 붓
온도계

1 • 볼에 탄산수, 달걀노른자, 밀가루를
넣고 섞어 튀김옷 반죽을 만든다.

2 • 시소 잎에 붓으로 전분가루를 슬쩍 발라준다. 이렇게 하면
   수분을 잡을 수 있으며 튀김옷 반죽이 더 잘 붙는다.

3 • 시소 잎에 튀김옷 반죽을 묻힌다.

4 • 180℃ 기름에 넣고 몇 분간 튀긴다.

5 • 망으로 건진 뒤 종이타월에 놓고 남은 기름을 제거한다.
   소금을 뿌린다.

채소 콩피 만들기
Confire

재료
껍질을 벗기지 않은 마늘
토마토
껍질을 벗기지 않은 샬롯
향신 허브(타임, 로즈마리 등)
올리브오일

냄비에 각각 마늘, 토마토, 샬롯을 넣고 올리브오일을 재료가 잠기도록 붓는다. 향신 허브를 넣고 약한 불로 가열한다. 아주 약하게 끓는 상태를 유지하며 채소가 아주 푹 무를 때까지 뭉근히 익힌다.

오븐에 익히기
Cuire au four

재료
각종 채소(당근, 감자, 단호박,
양파, 마늘, 샬롯 등)
향신 허브(타임, 로즈마리 등)
올리브오일
소금, 후추

조리
30분

도구
논스틱 그라탱 팬

1 • 채소를 모두 씻는다. 사이즈가 큰 것들은 반으로 또는 적당한
크기로 두툼하게 자른다. 팬에 채소를 펼쳐놓고 올리브오일을
고루 뿌린다. 사이사이 향신 허브를 놓는다.

2 • 180℃로 예열한 오븐에 넣고 부드럽게 익을 때까지 30분 정도
익힌다. 중간에 한 번 뒤집어준다. 소금, 후추로 간한다.

레시피

LES RECETTES

과실 채소

콜드 토마토 딸기 워터
EAU DE TOMATE ET FRAISE

10인분

준비
하루 전날 + 1시간

조리
30분

휴지
30분

도구
블렌더
원뿔체
면포

재료

토마토 워터
토마토 2.5kg

딸기즙
딸기 2kg
설탕 쓰는 대로

부재료
사고(sago) 타피오카 펄 30g
에어룸 토마토(heirloom tomato) 10개
데쳐서 속껍질 벗긴 아몬드 20알
딸기 20개
오레가노 오일
펜넬 꽃
처빌
펜넬 잎줄기

토마토 워터 EAU DE TOMATE
하루 전, 토마토를 씻어 껍질을 벗긴다(p.41 테크닉 참조). 블렌더에 간다. 볼 위에 원뿔체를 놓고 깨끗한 면포를 물에 적셔 꼭 짠 뒤 체 안에 깔아준다. 여기에 간 토마토 퓌레를 붓고 하룻밤 냉장고에 넣어 천천히 즙을 걸러낸다.

딸기즙 JUS DE FRAISE
딸기를 씻어 꼭지를 딴다. 길이로 반 자른 뒤 넓은 볼에 넣고 설탕을 솔솔 뿌린다. 랩으로 덮어준다. 볼을 뜨거운 물이 담긴 중탕 그릇에 넣고 30분 이상 즙이 흘러나오도록 둔다. 체에 넣고 누르지 않은 상태로 즙을 걸러낸다. 토마토 워터와 딸기즙을 기호에 따라 원하는 비율로 섞어준다. 딸기즙은 따로 조금 남겨둔다. 냉장고에 최소 30분간 넣어둔다.

부재료 GARNITURE
넉넉한 양의 끓는 물에 사고 타피오카 펄을 넣어 익힌다. 흐르는 찬물에 헹궈 재빨리 식힌 뒤 남겨둔 딸기즙에 넣어준다. 아몬드를 2~3조각으로 갸름하게 슬라이스한다.

플레이팅 DRESSAGE
에어룸 토마토의 껍질을 벗긴(p.41 테크닉 참조) 뒤 큼직하게 썬다. 딸기는 크기에 따라 2등분 또는 4등분으로 자른다. 우묵한 서빙 볼 바닥에 오레가노 오일을 넉넉히 뿌린 뒤 상온의 토마토, 딸기, 나머지 부재료 가니시를 보기 좋게 담는다. 토마토 워터와 딸기즙 혼합액은 작은 피처에 담아 따로 서빙한 뒤 먹기 바로 전 볼에 부어준다.

토마토 샐러드, 허니 비네그레트, 러비지 올리브오일 소르베

SALADE DE TOMATES, VINAIGRETTE AU MIEL, SORBET LIVÈCHE ET HUILE D'OLIVE

6인분

준비
1시간

조리
20분

냉장
2시간

냉동
24시간

도구
블렌더
원뿔체
핸드 블렌더
휘핑 사이펀
(가스 캡슐 2개)
아이스크림 메이커

재료

허니 비네그레트
올리브오일 150ml
포도씨유 75ml
머스터드
(moutarde Savora)
1/2테이블스푼
꿀 30g

토마토 샐러드
노랑 토마토
(tomate ananas) 3개
블랙 토마토(Noire de Crimée) 3개
그린 토마토
(Green Zebra) 3개
비프스테이크 토마토
(Cœur de bœuf) 3개
소금(플뢰르 드 셀)
에스플레트 고춧가루

러비지 아이스크림
우유(전유) 400ml
설탕 30g
소금(플뢰르 드 셀) 2g
안정제 3g
러비지 50g
좋은 품질의 올리브오일
70ml

블랙올리브 크래커 가루
씨를 뺀 블랙올리브
180g
멀티그레인 크래커
(Wasa 타입) 2개

모차렐라 에스푸마
우유(전유) 250ml
생크림(유지방 35%)
200ml
모차렐라 디 부팔라
150g
소금, 후추

완성, 플레이팅
미즈나 잎
에스플레트 고춧가루
소금(플뢰르 드 셀)

허니 비네그레트 VINAIGRETTE AU MIEL
재료를 모두 섞어준다.

토마토 샐러드 SALADE DE TOMATES
토마토의 껍질을 벗긴 뒤(p.41 테크닉 참조) 원하는 모양으로 썬다. 허니 비네그레트를 넣고 재운다. 소금, 에스플레트 고춧가루로 간한다. 냉장고에 넣어둔다.

러비지 아이스크림 GLACE À LA LIVÈCHE
소스팬에 우유, 설탕, 플뢰르 드 셀, 안정제를 넣고 끓을 때까지 가열한다. 식힌 다음 러비지를 넣고 블렌더로 간다. 체에 거른 뒤 아이스크림 메이커에 넣는다. 올리브오일을 넣고 잘 섞은 뒤 제품 설명에 따라 아이스크림 메이커를 돌려준다. 서빙 전까지 냉동실에 보관한다.

블랙올리브 크래커 가루 TERREAU D'OLIVE NOIRE
오븐팬에 유산지를 깔고 올리브를 한 켜로 펼쳐놓는다. 80℃ 오븐에 넣어 12시간 동안 건조시킨다. 식힌 뒤 크래커와 함께 블렌더로 재빨리 슬쩍 갈아준다. 모래처럼 부슬부슬한 가루를 만든다.

모차렐라 에스푸마 ESPUMA MOZZARELLA
소스팬에 우유와 생크림을 넣고 끓을 때까지 가열한다. 모차렐라 치즈를 잘게 썰어 이 뜨거운 혼합물에 넣어 녹인다. 치즈가 다 녹으면 핸드 블렌더로 갈아 혼합한다. 간을 맞춘 뒤 원뿔체에 거른다. 휘핑 사이펀에 채워 넣고 가스 캡슐을 장착한다. 사용하기 전까지 냉장고에 최소 2시간 동안 넣어둔다.

플레이팅 DRESSAGE
접시에 블랙올리브 크래커 가루를 조금씩 깔고 토마토를 그 위에 보기 좋게 담는다. 토마토 사이사이에 모차렐라 에스푸마를 사이펀으로 짜 넣고, 러비지 아이스크림은 크넬 모양으로 떠 놓는다. 미즈나 잎을 얹은 뒤 에스플레트 고춧가루, 플뢰르 드 셀을 조금 뿌려 서빙한다.

토마토를 곁들인 짭짤한 치즈케이크

CHEESECAKE SALÉ AUX TOMATES MULTICOLORES

6인분

준비
1시간 30분

냉동
5분

조리
20분

냉장
1시간

도구
지름 6 또는 10cm
무스링
지름 2cm 원형
쿠키커터
지름 8cm 원형
쿠키커터
거품기
거즈 천
마이크로플레인 제스터
푸드 프로세서
주방용 온도계

재료

**치즈케이크 사블레
크러스트**
짭짤한 비스킷
(다이제스티브 크래커
타입) 200g
잘게 부순 피스타치오
100g
버터(상온의 포마드
상태) 120g

치즈케이크 필링 혼합물
크림치즈(필라델피아
또는 생모레 타입) 500g
달걀 2개
달걀노른자 2개분
액상 생크림(유지방
35%) 80ml
소금

글라사주
액상 생크림(유지방
35%) 320ml
판 젤라틴 2장
소금

토마토 워터 시트
비프스테이크 토마토
(cœur de bœuf) 500g
꿀 1티스푼
한천 분말(agar-agar)
4g
셀러리솔트
1테이블스푼
에스플레트 고춧가루
1티스푼

토마토 시럽
물 200ml
설탕 150g
화이트 발사믹 식초
100ml
생강 50g
블렌더에 간 토마토
400g
에스플레트 고춧가루
2꼬집
소금 1꼬집

부재료
레드 토마토 6개
그린 토마토 6개
노랑 토마토 6개
올리브오일 50ml
소금

완성, 플레이팅
미니 바질 잎

치즈케이크 사블레 크러스트 SABLÉ CHEESECAKE

비스킷과 피스타치오를 푸드 프로세서에 넣고 분쇄한다. 여기에 버터를 넣고 모래처럼 부슬부슬한 질감이 되도록 섞어준다. 유산지를 깐 오븐팬에 케이크 링을 놓고 비스킷 혼합물을 5mm 두께로 깔아준다. 냉동실에 5분간 넣어둔다. 170℃로 예열한 오븐에 넣어 10분간 굽는다. 꺼내서 상온으로 식힌다.

치즈케이크 필링 혼합물 APPAREIL À CHEESECAKE

볼에 크림치즈, 소금, 달걀, 달걀노른자, 생크림을 넣고 거품기로 섞어 균일하고 크리미한 혼합물을 만든다. 미리 크러스트를 구워 둔 케이크 링 안에 혼합물을 채워 넣은 뒤 160℃ 오븐에서 6~8분 굽는다. 상온으로 식힌다.

글라사주 GLAÇAGE

소스팬에 생크림을 넣고 뜨겁게 데운다. 소금을 넣고 미리 찬물에 불려둔 젤라틴을 꼭 짜서 넣어준다. 잘 섞어 녹인 뒤 35℃까지 식힌다. 이 혼합물을 치즈케이크 위에 끼얹어준 다음 냉장고에 15분가량 넣어 굳힌다.

토마토 워터 시트 VOILE D'EAU DE TOMATE

토마토의 껍질을 벗긴 다음(p.41 테크닉 참조) 블렌더로 간다. 체에 얇은 거즈 천을 댄 다음 간 토마토를 붓고 무거운 것으로 눌러 즙을 걸러낸다. 작은 소스 팬에 토마토 국물(약 200g)과 꿀, 한천가루, 셀러리솔트, 에스플레트 고춧가루를 넣고 끓을 때까지 중불로 가열한다. 논스틱 베이킹 팬에 흘려 부은 뒤 최대한 얇게 펼쳐놓는다. 냉장고에 몇 분간 넣어 굳힌 뒤 원형 커터를 이용해 지름 8cm의 얇은 시트 6장을 잘라낸다. 서빙할 때까지 냉장고에 보관한다.

토마토 시럽 SIROP DE TOMATE

중간 크기 소스팬에 물, 설탕, 화이트 발사믹 식초, 곱게 간 생강을 넣고 끓을 때까지 가열한다. 블렌더에 간 토마토와 에스플레트 고춧가루를 넣는다. 약불로 줄인 뒤 시럽 농도가 될 때까지 졸인다. 식힌 뒤 소금으로 간을 맞춘다. 너무 걸쭉하면 물을 조금 추가해 농도를 조절한다.

가니시 부재료 GARNITURE

토마토의 껍질을 벗긴 뒤(p.41 테크닉 참조) 속과 씨를 빼내고 과육만 지름 2cm 원형 커터로 잘라낸다. 소금으로 간을 한 다음 아주 좋은 품질의 올리브오일을 뿌려 재운다.

플레이팅 DRESSAGE

각 서빙 접시 중앙에 토마토 시럽을 한 스푼씩 깔아준다. 치즈케이크를 접시에 놓고 링을 제거한 뒤 동그랗게 잘라낸 토마토를 색깔별로 골고루 위에 얹어준다. 그 위에 토마토 워터 시트를 덮는다. 미니 바질 잎을 둘레에 고루 얹어 장식한다.

토마토 가스파초
GASPACHO DE TOMATES

6인분

준비
2시간

냉장
1시간

조리
30분~1시간

도구
블렌더
원뿔체
톱니 칼(빵 나이프)
실리콘 패드

재료

가스파초
마늘 3톨
적양파 2개
노랑 피망 1개
홍피망 1개
대추토마토(tomates Torino) 12개
식빵 200g
토마토 페이스트 10g
셰리와인 식초 100ml
올리브오일(프루티) 150ml+50ml
소금(플뢰르 드 셀)
그라인드 후추

토마토 칩
줄기 토마토 3개
올리브오일 20ml

멜바 토스트
식빵 1개
에스플레트 고춧가루
올리브오일 20ml
소금

양파 칩
양파 1개
슈거파우더

완성, 플레이팅
쪽파 1단
자색 마늘 꽃
훈제 파프리카

가스파초 GASPACHO
채소를 모두 씻는다. 마늘, 양파, 피망(p.43 테크닉 참조)의 껍질을 벗긴다. 각 피망 분량의 반을 브뤼누아즈(p.60 테크닉 참조)로 잘게 깍둑 썰어 따로 보관한다(가니시용). 나머지 반은 굵직하게 깍둑 썬다. 양파 반 개를 세로로 6등분해 꽃잎 모양으로 분리하여 따로 보관한다(가니시용). 나머지 양파는 잘게 썬다(p.56 테크닉 참조). 대추토마토를 굵직하게 깍둑 썰고 마늘은 다진다. 식빵도 굵직한 주사위 모양으로 썬다. 가니시를 제외한 재료를 모두 큰 볼에 담고 토마토 페이스트, 셰리와인 식초, 올리브오일 150ml를 넣어 섞는다. 간을 한 다음 냉장고에 넣어 한 시간 정도 재워둔다. 가스파초를 블렌더로 간 다음 체에 거른다. 국자로 꾹꾹 눌러가며 최대한 즙을 짜낸다. 소금, 후추로 간을 맞춘 다음 나머지 올리브오일(50ml)을 흘려 넣어가며 거품기로 휘저어 섞는다.

토마토 칩 CHIPS DE TOMATES
줄기 토마토를 2mm 두께로 얇게 슬라이스해 총 12장을 준비한다. 소금, 후추로 간하고 올리브오일을 뿌린다. 실리콘 패드를 깐 오븐팬에 토마토 슬라이스를 한 켜로 깐 다음 80℃ 오븐에 넣어 바삭해질 때까지 건조시킨다(약 10분 정도).

멜바 토스트 TOAST MELBA
식빵을 빵 나이프로 아주 얇게 슬라이스해 12장을 준비한다. 에스플레트 고춧가루, 소금을 뿌리고 올리브오일을 붓으로 발라준다. 유산지를 깐 오븐팬에 식빵을 놓고 유산지를 한 장 더 덮어준 다음 150℃ 오븐에 넣어 노릇하게 색이 날 때까지 굽는다(약 10분 정도).

양파 칩 CHIPS D'OIGNONS
양파의 껍질을 벗긴 뒤 얇게 썬다. 양파 슬라이스의 모양을 그대로 유지하며 실리콘 패드 위에 한 켜로 놓는다. 슈거파우더를 솔솔 뿌린다. 50℃ 오븐에 넣어 노릇한 색이 날 때까지 건조시킨다(약 10분 정도).

완성하기 FINITIONS
쪽파를 어슷한 모양으로 얇게 썬다(p.64 테크닉 참조).

플레이팅 DRESSAGE
개인용 서빙 볼에 잘게 깍둑 썬 피망과 꽃잎 모양으로 썬 양파를 담고 그 위에 가스파초를 붓는다. 쪽파와 자색 마늘 꽃을 얹어 장식한 뒤 훈제 파프리카 가루를 솔솔 뿌린다. 토마토 칩, 양파 칩, 멜바 토스트를 곁들여 서빙한다.

훈제 가지 가스파초

GASPACHO D'AUBERGINE FUMÉE

6인분

준비
45분

조리
30분

냉장
1시간

도구
주방용 토치
지름 2cm 원형 쿠키커터
거품기
핸드 블렌더

재료

가스파초
가지 1kg
감자 200g
마늘 1톨
채소 육수 600ml
액상 생크림(유지방 35%) 100ml
올리브오일 50ml
커민가루
에스플레트 고춧가루
소금

리코타
리코타 치즈 100g
올리브오일
소금, 후추

가니시 부재료
노랑 토마토 2개
레드 토마토 2개
방울 적양파 4개
시칠리아 화이트 가지 600g
식빵 슬라이스 2장
정제버터
마늘 1톨(껍질째)

완성, 플레이팅
바질 크레송(마이크로 허브) 20g
한련화 잎 12장
올리브오일
마늘 꽃 12개

가스파초 GASPACHO
가지를 씻은 뒤 토치를 사용해 완전히 익을 때까지 껍질을 그슬려 태운다(p.46 테크닉 참조). 한 김 식힌 다음 태운 껍질을 조심스럽게 벗겨 살만 긁어낸다. 감자의 껍질을 벗긴 뒤 작게 썬다. 마늘의 껍질을 벗긴다. 냄비에 채소 육수를 넣고 끓인 뒤 감자와 마늘을 넣고 감자가 푹 익을 때까지 삶는다. 가지 속살(약 600g), 채소 육수, 마늘, 감자, 생크림을 모두 블렌더로 간다. 여기에 올리브오일을 넣어 섞은 뒤 소량의 커민가루, 에스플레트 고춧가루, 소금을 넣어 간한다. 냉장고에 넣어 차갑게 보관한다.

리코타 RICOTTA
리코타치즈에 올리브오일을 조금 넣고 거품기로 저어 부드럽게 섞는다. 소금, 후추로 간한다.

가니시 부재료 GARNITURE
토마토의 껍질을 벗긴(p.41 테크닉 참조) 뒤 크기에 따라 세로로 적당히 등분한다. 적양파는 세로로 이등분한 뒤 반원 모양으로 도톰하게 썬다. 오븐팬에 화이트 가지를 반으로 길게 잘라 놓은 다음 220°C로 예열한 오븐에서 약 15분 정도 굽는다. 꺼내서 웨지 모양으로 자른다. 식빵을 원형 커터로 찍어 동그랗게 도려낸다. 팬에 정제버터와 껍질을 벗기지 않은 마늘 한 톨을 넣고 달군다. 여기에 식빵 크루통을 넣고 노릇하고 바삭하게 튀기듯 지진다. 종이타월에 건져 놓아 여분의 기름을 제거한다.

플레이팅 DRESSAGE
우묵한 접시 바닥의 2/3 정도 되는 위치에 가니시 재료들을 마치 벽을 쌓는 것처럼 일렬로 배치한다. 그 위에 허브들을 올려 장식한다. 차가운 가스파초를 작은 피처에 담아 서빙한 뒤 먹기 바로 전에 접시의 빈 넓은 공간에 부어준다.

페타 샹티이 크림을 곁들인 주키니호박
COURGETTES VERTES POÊLÉES AVEC CHANTILLY DE FETA

6인분

준비
40분

건조
1시간

조리
1시간

도구
블렌더
전동 핸드믹서
짤주머니 + 별모양 깍지
잎사귀 모양 실리콘 베이킹 패드

재료

주키니호박
미니 주키니호박 12개
주키니호박 꽃 12개
올리브오일 100ml
소금, 후추

페타 샹티이 크림
액상 생크림(유지방 35%) 200ml
페타 치즈 150g

크루통
식빵 100g

토마토 튀일
달걀흰자 50g
녹인 버터 50g
토마토 페이스트 50g
밀가루 50g
건조 파슬리 가루 10g
에스플레트 고춧가루

완성, 플레이팅
파슬리 작은 송이 1개
바뉠스(Banyuls) 와인 식초 50ml
매리골드 꽃
한련화 잎

주키니호박과 호박꽃 POÊLÉE DE COURGETTES
미니 주키니호박을 씻어 다듬은 뒤 소금을 넣은 끓는 물에 삶는다(p.90 테크닉 참조). 식힌 뒤 건져서 세로로 길게 이등분한다. 주키니호박 꽃을 씻은 다음 종이타월로 물기를 제거한다. 호박꽃에 올리브오일을 바르고 소금을 뿌린 다음 50℃ 오븐에 넣어 20분간 굽는다.

휩드 페타 샹티이 크림 CHANTILLY DE FETA
작은 소스팬에 생크림과 페타 치즈를 넣고 녹인다. 냉장고에 넣어 식힌 뒤 핸드믹서로 휘핑해 샹티이 크림을 만든다.

크루통 CROÛTONS
식빵을 사방 2mm 크기로 아주 작게 깍둑 썬다. 올리브오일을 조금 두른 팬에 넣고 크루통을 튀긴다. 간을 한 다음 종이타월에 덜어낸다.

토마토 튀일 DENTELLE DE TOMATES
오븐을 160℃로 예열한다. 베이킹 팬 위에 잎사귀 패턴의 실리콘 패드를 깐다. 반죽 재료를 모두 섞은 뒤 혼합물을 실리콘 패드 위에 펼쳐 바른다. 오븐에 넣어 노릇한 색이 나고 바삭해질 때까지 약 6분간 굽는다. 식혀서 어느 정도 굳으면 잎사귀 모양의 튀일을 조심스럽게 떼어내 식힘망 위에서 완전히 식힌다.

완성하기 FINITIONS
이탈리안 파슬리의 잎만 떼어낸 뒤 실리콘 패드를 깐 베이킹 팬 위에 한 켜로 놓는다. 50℃ 오븐에 넣어 1시간 동안 건조시킨다. 파슬리 잎이 완전히 건조되면 블렌더에 갈아 가루로 만든다.

플레이팅 DRESSAGE
작은 소스팬에 바뉠스 와인 식초를 넣고 시럽 농도가 될 때까지 졸인다. 각 서빙 접시에 파슬리 가루를 솔솔 뿌린 다음 주키니호박을 놓고 졸인 바뉠스 와인 식초와 약간의 올리브오일을 방울방울 고루 뿌린다. 페타 샹티이 크림을 주키니호박 위에 짜얹고 매리골드 꽃잎과 한련화 잎, 주키니호박을 얹는다. 토마토 튀일을 한 개씩 올린 뒤 크루통을 뿌려 완성한다.

염소 치즈와 오이 무스
MOUSSE DE CHÈVRE ET CONCOMBRE

6인분

준비
1시간

휴지
30분

냉장
2시간 30분

조리
30분

냉동
1시간 30분

도구
착즙 주서기
지름 6cm 원형 커터
거품기
만돌린 슬라이서
핸드 블렌더
지름 5cm, 높이 2cm
원형 실리콘 틀

재료

미니 오이 피클
미니 피클 오이 2개
화이트와인 150ml
화이트 발사믹 식초
125ml
설탕 50g
꿀 75g
고수씨 1티스푼

오이 타르타르
오이 1/2개
올리브오일
2테이블스푼
민트 잎 5장
소금, 후추

염소 치즈 무스
판 젤라틴 3장(6g)
액상 생크림(유지방
35%) 200ml
염소 치즈(sainte-
maure de Touraine
non cendré) 300g
소금, 후추

오이 젤리
오이 2개
민트 잎 10장
한천 분말(agar-agar)
1.25g
판 젤라틴 3.5g
우조(ouzo) 25g
소금 2g

오이 사과 비네그레트
오이 250g
청사과 250g
유자즙 70ml
잔탄검 2g
소금 1꼬집

완성, 플레이팅
미니 피클 오이 1개
페퍼민트 잎(윗부분)
12장
미즈나 잎
식용 금가루

미니 오이 피클 PICKLES DE MINI CONCOMBRES
만돌린 슬라이서를 사용해 피클 오이를 1mm 두께로 길게 슬라이스한다. 소스팬에 와인, 식초, 설탕, 꿀을 넣고 끓인다. 고수씨를 넣고 불에서 내린 뒤 30분 정도 향이 우러나도록 그대로 둔다. 피클액을 오이 슬라이스에 붓고 냉장고에 2시간 넣어 재운다.

오이 타르타르 TARTARE DE CONCOMBRE
오이의 껍질을 벗기고 속씨를 제거한 뒤 브뤼누아즈로 아주 잘게 깍둑 썬다(p.60 테크닉 참조). 민트 잎을 가늘게 채 썰어 넣어준다. 올리브오일, 소금, 후추를 넣고 살살 버무린다.

염소 치즈 무스 MOUSSE DE CHÈVRE
판 젤라틴을 찬물에 넣어 부드럽게 불린다. 소스팬에 생크림을 넣고 끓인다. 염소 치즈를 포크로 대충 으깬 뒤 생크림에 넣어준다. 물을 꼭 짠 젤라틴도 넣어준다. 거품기로 세게 휘저어 뭉친 덩어리가 없어질 때까지 매끈하게 풀어준다. 간을 맞춘다. 실리콘 틀에 혼합물을 부어 높이의 반 정도 채운 다음 오이 타르타르를 스푼으로 조금씩 넣어 펼쳐놓는다. 그 위에 다시 염소 치즈 무스를 덮어 틀을 채워준다. 냉동실에 1시간 30분간 넣어 굳힌다. 틀에서 뺀 다음 냉장고에 보관해 무스를 서서히 해동한다.

오이 젤리 GELÉE DE CONCOMBRE
판 젤라틴을 찬물에 넣어 부드럽게 불린다. 오이와 민트 잎을 주서기에 넣고 착즙한다. 약 250g의 즙을 짜낸 뒤 한천 분말을 넣고 섞는다. 냄비에 넣고 끓을 때까지 가열한 뒤 약 2분 정도 끓인다. 불에서 내린 다음 물을 꼭 짠 젤라틴을 넣고 거품기로 잘 풀어가며 녹인다. 우조와 소금을 넣어준다. 혼합물을 베이킹 팬에 붓고 두께 1mm로 얇게 편다. 냉장고에 넣어 굳힌다. 지름 6cm 원형 커터를 사용하여 오이 젤리를 동그랗게 6개 잘라낸 다음 차가운 염소 치즈 무스 위에 얹어준다.

오이 청사과 비네그레트 VINAIGRETTE CONCOMBRE POMME
오이와 청사과를 주서기에 넣고 착즙한다. 유자즙과 소금을 넣어준다. 잔탄검을 넣고 핸드 블렌더로 갈아 걸쭉한 농도로 혼합한다. 서빙할 때까지 냉장고에 보관한다.

플레이팅 DRESSAGE
접시 위에 차가운 염소 치즈 무스를 놓고 맨 윗층 오이 젤리 위에 식용 금가루를 조금씩 뿌린다. 오이 피클을 건져 돌돌 만 다음 염소 치즈 무스 옆에 보기 좋게 세워 놓는다. 오이 청사과 비네그레트를 방울방울 뿌리고 미즈나 잎, 가는 막대 모양으로 썬 사과, 꽃모양으로 썬 오이, 민트 잎 등을 얹어 장식한다.

피프라드를 채운 미니 피망,
두 가지 색 글레이즈와 새우

MINI POIVRONS À LA PIPERADE, GLACIS BICOLORE ET GAMBAS

4인분

준비
45분

조리
45분

도구
블렌더
나무 꼬치
체

재료

속을 채운 피망
미니 노랑 피망 4개
미니 홍피망 4개

피프라드
노랑 피망 200g
홍피망 200g
적양파 70g
올리브오일 50ml
생햄 85g
마늘 2톨
타임 2줄기

두 가지 색 글레이즈
노랑 피망 700g
홍피망 200g

새우
왕새우(6/8미 사이즈) 4마리

속을 채운 피망 POIVRONS FARCIS
피망을 씻어 뒷부분 뚜껑을 깔끔하게 잘라낸다. 모양이 부서지지 않도록 주의하며 속과 씨를 빼낸다(p.43 테크닉 참조).

피프라드 PIPERADE
피망을 씻어 껍질을 벗기고 속을 제거한 뒤 얇게 썬다. 양파의 껍질을 벗긴 뒤 3mm 두께의 링으로 썬다. 마늘의 껍질을 벗긴 뒤 잘게 다진다. 팬에 올리브오일을 달군 뒤 양파를 넣고 색이 나지 않게 볶는다. 피망, 마늘, 타임을 넣고 뚜껑을 덮은 뒤 30분 정도 뭉근하게 익힌다. 마지막에 생햄을 잘게 썰어 넣어준다. 불에서 내린 뒤 식힌다. 속을 파낸 미니 피망 안에 피프라드를 채워 넣는다. 잘라두었던 피망 뚜껑 부분을 다시 덮어준다. 속을 채운 피망을 오븐팬에 놓고 마늘과 타임을 함께 넣어준다. 180°C로 예열한 오븐에 넣어 약 10분간 굽는다.

두 가지 색 글레이즈 GLACIS BICOLORE
피망을 씻어 꼭지를 따고 속과 씨를 제거한 뒤 과육만 굵직하게 썬다. 색깔별로 따로 블렌더에 넣고 간다. 각각 체에 넣고 긁어내려 즙을 받아낸다. 두 개의 소스팬에 각각 담고 시럽 농도가 될 때까지 약불로 졸인다.

새우 GAMBAS
새우의 머리를 떼어낸 다음 속을 깨끗이 씻어 냉장고에 보관한다. 새우 몸통은 꼬리 마디만 남기고 껍데기를 벗긴다. 등에 살짝 칼집을 내어 내장을 제거한다. 새우살에 나무 꼬치를 길게 꽂아 형태를 곧게 유지한다. 새우살과 머리 껍데기를 90°C 스팀 오븐(또는 찜기)에 넣고 4분간 익힌다. 서빙하기 바로 전 붉은색 피망 글레이즈를 발라준다.

플레이팅 DRESSAGE
작은 스푼을 이용하여 접시 위에 붉은색과 노란색의 피망 글레이즈를 가는 선 모양으로 교대로 깔아준다. 속을 채운 피망을 색깔별로 한 개씩 놓고 그 옆에 글레이즈를 바른 새우를 한 마리 놓는다. 속 채운 피망 사이에 새우 머리 껍데기를 얹어 마무리한다.

아보카도 퀴노아 토스트와 유자 즐레
AVOCADO TOAST

6인분

준비
1시간

휴지
30분

냉동
3시간(최소)

조리
40분

냉장
15분

도구
실리콘 패드 2장
멜론 볼러
핸드 블렌더
스포이트(10ml 용량)
푸드 프로세서
아이스크림 메이커

재료

퀴노아 크래커
퀴노아 200g
물 500ml
달걀흰자 100g
올리브오일 300ml
커민가루
소금

아보카도 소르베
물 300ml
설탕 40g
안정제 2.5g
글루코스 분말 40g
아보카도 2개
라임 2개
소금

아보카도 매시
적양파 1/2개
홍고추 1/4개
아보카도 4개
라임 1/2개
올리브오일
2테이블스푼
에스플레트 고춧가루
1티스푼
소금

가니시 부재료
라임 1/2개
아보카도 2개

유자 즐레
물 125ml
유자즙 125ml
설탕 35g
한천 분말(agar-agar)
4g

완성, 플레이팅
고수 1/4단
적양파 1/2개
에스플레트 고춧가루

퀴노아 크래커 CRACKERS DE QUINOA
냄비에 물을 끓인 뒤 소금을 조금 넣어 간을 하고 퀴노아를 넣어 익힌다. 퀴노아가 익으면 건져서 달걀흰자와 함께 블렌더에 간다. 커민을 넣고 잘 섞어준다. 혼합물을 두 장의 실리콘 패드 사이에 얇게(3~4mm 정도) 펼쳐 놓은 뒤 190℃ 오븐에서 30분간 굽는다. 망에 올려 식힌 뒤 길쭉한 모양으로 큼직하게 부러트린다. 팬에 올리브오일을 달군 뒤 퀴노아 크래커를 바삭하게 튀긴다. 건져서 종이타월에 놓아 여분의 기름을 빼준다. 소금을 솔솔 뿌린다.

아보카도 소르베 GLACE À L'AVOCAT
소스팬에 물과 설탕, 안정제, 글루코스를 넣고 끓을 때까지 가열한다. 불에서 내린 뒤 30분간 식힌다. 아보카도를 반으로 잘라 씨를 제거한 다음 껍질을 벗기고 살을 깍둑 썬다. 라임 2개의 즙을 고루 뿌린 다음 식힌 시럽을 끼얹어준다. 소금을 넣고 블렌더로 갈아준다. 아이스크림 메이커에 넣어 돌린다. 완성되면 덜어서 냉동실에 최소 3시간 이상 보관한다.

아보카도 매시 ÉCRASÉ D'AVOCAT
적양파와 홍고추를 잘게 썬다(p.56 테크닉 참조). 아보카도의 씨를 제거하고 껍질을 벗긴 뒤 살을 포크로 대충 눌러 으깬다. 라임즙, 적양파, 홍고추를 넣고 살살 버무린다. 소금, 후추로 간한 뒤 올리브오일을 조금 넣어 수분이 흥건해지지 않도록 매끈하게 마무리한다. 냉장고에 넣어둔다.

가니시 부재료 GARNITURE
멜론 볼러를 사용해 아보카도 매시를 동그랗게 18개 떠낸다. 라임즙에 살짝 굴려 갈변을 방지한다. 가니시용 아보카도의 씨를 제거하고 껍질을 벗긴다. 2cm 두께로 길게 슬라이스하여 6조각을 준비한다. 뜨겁게 달군 그릴팬에 놓고 그릴 자국이 나도록 양면을 재빨리 구워준다.

유자 즐레 GEL DE YUZU
소스팬에 물과 유자즙을 넣고 끓을 때까지 가열한다. 설탕과 한천 분말을 넣고 다시 끓인다. 식힌다. 푸드 프로세서에 넣어 갈아준 다음 스포이트에 채워 넣는다.

플레이팅 DRESSAGE
각 퀴노아 크래커 위에 남은 아보카도 매시를 조금 펼쳐 바른 뒤 동그랗게 떠낸 아보카도와 그릴팬에 구운 아보카도 슬라이스를 보기 좋게 배치한다. 아보카도 소르베를 크넬 모양으로 떠서 올린 뒤 고수 잎, 적양파, 홍고추 슬라이스를 얹고 에스플레트 고춧가루를 살짝 뿌린다. 유자 즐레를 스포이트로 방울방울 짜 얹어 마무리한다.

스파이시 타이 레드 포크 커리
PÂTE DE CURRY THAÏ POUR « PORC QUI PIQUE »

10인분

준비
30분

조리
30분

도구
푸드 프로세서
절구
우묵한 팬(웍)

재료

레드커리 페이스트
샬롯 4개
마늘 4톨
생강 100g
레몬그라스 200g
고수 뿌리 또는 라우람 줄기 100g
고수씨 1테이블스푼
커민씨 1티스푼
흰 통후추 20알
쥐똥고추 7개
홍고추 10개
카피르라임 제스트 2티스푼

돼지고기, 가지
돼지 목살 800g
홍고추 큰 것 4개
가지 2개
미니 가지 25개
태국 가지 50개
해바라기유 8테이블스푼
레드커리 4티스푼
그린 페퍼콘
코코넛 밀크 400ml
팜슈거 4티스푼
간장 6테이블스푼
카피르라임 잎 2장

플레이팅
태국식 밥(선택)
고수 잎(선택)

레드커리 페이스트 PÂTE DE CURRY ROUGE
샬롯의 껍질을 벗긴 뒤 잘게 썬다(p.56 테크닉 참조). 마늘의 껍질을 벗긴 뒤 반으로 잘라 싹을 제거하고 잘게 다진다. 생강은 껍질을 벗겨 강판에 갈고 레몬그라스 줄기와 고수 뿌리는 잘게 썬다(p.56 테크닉 참조). 기름을 두르지 않은 웍에 고수씨, 커민씨, 통후추 알갱이를 넣고 로스팅 향이 올라올 때까지 3분 정도 덖어준다. 볶으면서 웍을 자주 흔들어주고 특히 타지 않도록 주의한다. 절구에 덜어낸 뒤 빻아준다. 다른 재료를 모두 푸드 프로세서 분쇄기에 갈거나 절구에 빻아 페이스트를 만든다. 여기에 덖어 빻은 향신료를 넣어 섞는다.

돼지고기, 가지 PORC ET AUBERGINES
돼지고기는 5cm 길이로 가늘게 썬다. 홍고추를 길게 반으로 갈라 씨를 빼낸 다음 3mm x 3cm 크기로 가늘게 썬다. 가지는 모두 깨끗이 씻은 뒤 껍질째 사용한다. 일반 사이즈의 가지는 5cm 길이의 막대 모양으로 썰고 미니 가지는 반으로 자른다. 타이 가지는 통째로 사용한다. 올리브오일 분량의 반을 웍에 달군 뒤 가지를 모두 튀기듯 볶는다. 건져낸다. 나머지 기름을 다시 웍에 붓고 레드커리 페이스트를 넣은 뒤 약불에서 30~45초간 볶는다. 여기에 돼지고기를 넣고 갈색이 날 때까지 센 불로 볶는다. 프레시 그린페퍼콘(양은 기호에 따라 조절)을 넣어준다. 중불로 줄인 뒤 코코넛 밀크와 카피르라임 잎을 넣는다. 볶아놓은 가지와 고추를 넣어준다. 잘 섞은 뒤 팜슈거와 간장을 넣는다. 약불로 뭉근히 익힌 뒤 어느 정도 걸쭉해지기 시작하면 바로 불에서 내린다.

플레이팅 DRESSAGE
커리 위에 태국 고수 잎을 조금 얹어 장식한다. 태국식 밥을 곁들여 서빙한다.

잎채소, 샐러드용 채소

꿀, 아몬드, 시금치를 곁들인 치킨 파스티야
PASTILLA DE VOLAILLE AU MIEL, AMANDES ET ÉPINARD

6인분

준비
1시간

조리
1시간

도구
푸드 프로세서
지름 20~22cm 원형틀(높이가 약간 있는 것)
쇠꼬챙이
마이크로플레인 그레이터

재료

정제버터
무염버터 200g

스터핑
양파 2개
닭 가슴살 4개
꿀 50g
시나몬 가루 1/2티스푼
구운 아몬드 슬라이스 100g

시금치
시금치 잎 600g
올리브오일
마늘 1톨
소금, 후추

소스
꿀 40g
셰리와인 식초 20ml
오렌지즙 4개분
무염버터 60g

완성 재료, 가니시
브릭 페이스트리 시트 8장
완숙 달걀(슬라이스한다) 2개
슈거파우더
치커리 125g
시금치 어린 잎 125g
작은 민트 잎 12장
구운 아몬드 1줌

정제버터 BEURRE CLARIFIÉ
소스팬에 버터를 넣고 약불에서 천천히 녹인다. 표면에 뜬 거품을 걷어낸 다음 정제된 맑은 황색 부분만 조심스럽게 따라내 사용한다. 밑에 가라앉은 흰색의 유청이 따라 흘러나오지 않도록 주의하며 잘 분리한다.

스터핑 FARCE
양파의 껍질을 벗긴 뒤 얇게 썬다(p.55 테크닉 참조). 닭 가슴살을 얇고 길게 썬다. 큰 소스팬에 꿀을 넣고 약불로 데운다. 거품이 나기 시작하면 양파를 넣고 수분이 날아갈 때까지 익힌다. 이어서 닭 가슴살을 넣어준다. 잘 저으며 수분이 완전히 증발할 때까지 중불로 익힌다. 불에서 내린 뒤 푸드 프로세서에 넣고 계핏가루, 오렌지 제스트, 구운 아몬드를 첨가한다. 부드럽게 갈아준다. 소금, 후추로 간한다.

시금치 ÉPINARD
팬에 약간의 기름과 껍질을 벗겨 짓이긴 마늘을 달군 뒤 시금치 잎을 넣고 숨이 죽을 때까지 볶는다. 소금, 후추로 간한다.

조립하기 MONTAGE
재료를 층층이 놓으며 파스티야를 조립한다. 우선 원형 틀 바닥에 유산지를 깐 다음 미리 정제버터를 붓으로 발라둔 브릭 페이스트리 시트 6장을 꽃모양처럼 겹쳐가며 틀 밖으로 삐져 나오도록 빙 둘러 깔아준다. 스터핑 혼합물의 반을 펼쳐 담은 뒤 정제버터를 바른 브릭 페이스트리를 한 장 놓는다. 볶은 시금치의 반을 펼쳐 얹은 다음 슬라이스한 달걀을 한 켜로 놓는다. 나머지 시금치 반을 올린 다음 다시 정제버터를 바른 브릭 페이스트리를 한 장 덮어준다. 나머지 스터핑 혼합물을 펼쳐 올린다. 틀 밖으로 나온 브릭 페이스트리 시트 여분을 중앙으로 여며 파스티야를 감싸듯 덮어준다. 200℃로 예열한 오븐에 넣고 파스티야가 노릇한 색을 내며 바삭해질 때까지 10~15분간 굽는다.

소스 SAUCE
소스팬에 꿀을 넣고 약불로 가열해 캐러멜화한다. 셰리와인 식초를 넣어 디글레이즈 한 다음 쓴맛이 날아가도록 둔다. 오렌지 4개를 착즙하여 그 주스를 캐러멜 위에 붓는다. 시럽 농도가 될 때까지 졸인다. 작게 잘라둔 버터를 넣고 거품기로 저어 섞어준다.

플레이팅 DRESSAGE
파스티야를 틀에서 꺼내 접시에 담는다. 슈거파우더를 뿌린 뒤 서빙하기 바로 직전 불에 뜨겁게 달군 쇠꼬챙이를 이용해 격자무늬 그릴 자국을 내준다. 치커리, 베이비 시금치 잎, 민트 잎 샐러드를 곁들인다. 파스티야 위에 구운 아몬드를 뿌린 뒤 소스를 곁들여 서빙한다.

셰프의 조언

파스티야 표면에 그릴 자국을 내는 대신
시나몬 가루를 뿌려 서빙해도 좋다.

엔다이브 햄 수플레
SOUFFLÉ AUX ENDIVES ET JAMBON

6인분

준비
1시간

조리
1시간

냉장
30분

도구
지름 16cm, 높이 10cm 수플레 용기(래므킨)
주방용 붓
주방용 온도계
핸드 믹서

재료
엔다이브 1kg
레몬 1개
녹인 버터(틀에 바르는 용도) 35g
작게 깍둑 썬 햄(jambon de Paris) 80g
소금, 후추
슬라이스 햄(jambon de Paris) 50g

수플레 혼합물
버터 120g
밀가루 120g
우유(전유 또는 저지방 모두 가능) 1리터
달걀 8개
소금 15g
가늘게 간 콩테(comté) 치즈 50g

완성, 플레이팅
콩테(comté) 치즈 50g
굵은소금

엔다이브 ENDIVES
엔다이브의 시든 겉잎을 떼어낸다. 밑동을 잘라내고 길게 반으로 잘라 속심을 제거한 다음 엔다이브 잎을 얇게 송송 썬다. 소스팬에 엔다이브와 레몬즙, 물 2테이블스푼을 넣고 뚜껑을 덮은 뒤 약불로 푹 익힌다. 소금, 후추로 간한다.

수플레 혼합물 APPAREIL À SOUFFLÉ
수플레 용기 안쪽에 녹인 버터를 붓으로 발라준다. 바닥에서 위쪽으로 붓질을 해준다. 용기를 냉장고에 30분간 넣어둔 다음 꺼내서 마찬가지 방법으로 버터를 다시 한 번 발라준다.

소스팬에 버터 120g을 넣고 약불로 녹인다. 밀가루를 넣고 나무 주걱으로 잘 저으며 익혀 화이트 루(roux)를 만든다. 불에서 내린 뒤 상온으로 식힌다. 다른 소스팬에 우유를 넣고 끓을 때까지 가열한다. 그동안 달걀의 흰자와 노른자를 분리해둔다.

뜨거운 우유를 차갑게 식은 화이트 루에 조금씩 부으며 잘 섞은 다음 소금을 넣어준다. 다시 중불에 올리고 약 3분간 저어가며 익힌다. 걸쭉한 베샤멜 소스 농도가 되면 불에서 내린 뒤 달걀노른자를 한 개씩 넣고 잘 섞어준다. 혼합물 표면이 마르지 않도록 랩을 밀착시켜 덮은 뒤 63℃를 유지하며 중탕 보관한다.

핸드 믹서로 달걀흰자를 휘핑한다. 중탕 냄비에서 꺼낸 베샤멜에 거품 낸 달걀흰자를 조금 넣어 가볍게 풀어준다. 가늘게 간 콩테 치즈, 엔다이브, 작게 깍둑 썬 햄을 넣고 섞어준다. 거품 낸 달걀흰자 남은 것을 모두 다 넣고 주걱으로 고루 살살 섞어준다. 다시 불에 올려 몇 분간 데운다.

수플레 완성하기 FINITIONS
햄과 콩테 치즈를 2.5cm x 1.5cm 크기의 갸름한 마름모꼴로 각각 3장씩 자른다. 수플레 혼합물을 수플레 용기에 1cm만 남기고 흘려넣어 채운다. 표면에 마름모 모양의 햄과 치즈를 교대로 빙 둘러 얹어준다. 오븐 사용이 가능한 냄비 바닥에 굵은소금을 깐 다음 수플레 용기를 놓고 중불에서 15분간 익힌다. 이어서 그대로 200℃ 오븐에 넣어 노릇한 색을 내며 부풀어오를 때까지 약 20분간 더 익혀 완성한다. 바로 서빙한다.

소렐 소스를 곁들인 연어

SAUMON À L'OSEILLE

6인분

준비
1시간

조리
25분

도구
생선가시 제거용 핀셋

재료

연어
연어 필레 900g
물 1리터
소금 30g
설탕 10g
올리브오일 20ml

소렐
소렐 2단
무염버터 100g
액상 생크림(유지방 35%) 500ml
소금, 후추
연어알 50g

완성, 플레이팅
작은 식용 꽃(보리지 등)
레드소렐 잎

연어 SAUMON
연어 필레의 가시를 핀셋으로 꼼꼼히 제거한 뒤 각 150g씩 6토막으로 자른다. 넓은 용기에 물 1리터를 넣고 소금, 설탕을 녹여 절임액을 만든다. 여기에 연어 토막을 담가 10분간 재운다. 건져서 물기를 제거한다. 논스틱 팬에 올리브오일을 달군 뒤 연어를 넣고 중간에 한 번 뒤집어주며 약 4~5분 정도 익힌다. 속살이 핑크색을 유지하도록 반 정도만 익히면 된다.

소렐 OSEILLE
소렐을 씻어 물기를 제거한다. 소테팬을 중불에 올리고 버터를 녹인 다음 소렐을 넣고 숨만 죽을 정도로 살짝 볶는다. 생크림과 연어알을 넣어 섞은 뒤 소금, 후추로 간을 맞춘다.

플레이팅 DRESSAGE
우묵한 접시에 소렐 크림 소스를 담고 중앙에 연어를 올린다. 식용 꽃, 소렐 잎을 조금 얹어 장식한다.

근대 가리비 그린커리

CURRY VERT DE BLETTES ET NOIX DE SAINT-JACQUES

6인분

준비
1시간 30분

향 우리기
20분

조리
30분

도구
원뿔체
감자 필러
핸드 블렌더
절구

재료

그린커리 페이스트
로스팅한 고수씨
1테이블스푼
흰 통후추 10알
커민씨 1테이블스푼
강황 1/4테이블스푼
청 쥐똥고추 10개
청고추 큰 것 7개
소금 1테이블스푼
레몬그라스 6g
갈랑가 6g
고수 줄기 1단
태국 샬롯 15g
마늘 20g
카피르라임 제스트
1/4테이블스푼
태국 새우 페이스트
1테이블스푼

그린커리 소스
코코넛 크림 500ml
그린커리 페이스트 40g
피시 소스(남쁠라)
1~2 테이블스푼
팜슈거 1테이블스푼
타이 바질 잎 6g
카피르라임 잎 1장
근대 잎 5장

근대
근대 1단
올리브오일 50ml
닭 육수 500ml
마늘 1톨
타임 1줄기
버터 30g
소금, 후추

완성, 플레이팅
올리브오일
가리비 살(생식소 포함)
18개
홍 쥐똥고추 1개
타이 바질 1/4단
프레시 코코넛 셰이빙
18조각

그린커리 페이스트 PÂTE DE CURRY VERT MAISON

절구에 고수씨, 흰 통후추, 커민씨, 강황을 넣고 공이로 빻아준다. 고추를 씻고 길게 반으로 갈라 씨를 제거한 뒤 잘게 썰어(p.55 테크닉 참조) 절구에 첨가해준다. 소금을 넣고 계속 빻아 퓌레 상태로 만든다. 갈랑가, 타이 샬롯, 마늘의 껍질을 벗긴 뒤 레몬그라스, 고수 줄기와 함께 잘게 썰어 조금씩 절구에 넣고 함께 빻는다. 마지막으로 카피르라임 제스트와 새우 페이스트를 넣고 잘 빻아 섞어 매끈한 커리 페이스트를 완성한다.

그린커리 소스 SAUCE CURRY VERT

소스팬에 코코넛 크림 분량의 반을 넣고 끓인 뒤 그린커리 페이스트를 넣어준다. 약불로 천천히 5분간 끓인 다음 나머지 코코넛 크림을 조금씩 넣어준다. 아주 약한 불로 15분 정도 더 끓인다. 피시 소스, 팜슈거를 첨가한 후 다시 한 번 끓어오를 때까지 가열한다. 불에서 내린 뒤 타이 바질과 카피르라임 잎을 넣고 20분 정도 그대로 향을 우려낸다. 원뿔체에 거른 뒤 근대 잎을 넣고 블렌더로 갈아 고운 녹색을 내준다. 다시 한 번 체에 거른 뒤 상온에 보관한다.

근대 BLETTES

근대의 잎과 흰색 줄기를 분리한다. 감자 필러를 이용해 흰색 근대 줄기의 껍질을 벗겨 억센 섬유질을 제거한다. 줄기를 약 15cm 크기의 직사각형으로 자른다. 녹색 잎은 씻은 뒤 채소 탈수기로 물기를 제거한다. 소테팬에 올리브오일을 달군 뒤 근대 흰 줄기를 넣고 색이 나지 않고 수분이 나오도록 볶는다. 닭 육수와 마늘 한 톨, 타임을 넣고 익힌다. 서빙 바로 전, 팬에 버터를 녹인 뒤 근대 녹색 잎을 넣고 센 불에서 재빨리 볶아낸다.

플레이팅 DRESSAGE

팬에 올리브오일 2테이블스푼을 넣고 뜨겁게 달군 뒤 가리비 살을 넣고 양면 모두 노릇한 색이 나게 지진다. 주황색 생식소도 함께 지져 익힌다. 우묵한 접시에 그린커리 소스를 붓고 가리비 살과 생식소, 근대 흰 줄기, 근대 잎을 보기 좋게 담는다. 타이 바질 잎, 얇게 썬 쥐똥고추, 코코넛 셰이빙을 얹어 장식한다.

호두와 닭 근위 콩피를 넣은 카르둔 키슈
QUICHE DE CARDONS, NOIX ET GÉSIERS CONFITS

6인분

준비
1시간

휴지
50분

조리
45분

도구
긴 타원형 타르트 링(15cm x 4cm) 6개
소스팬
소테팬

재료

키슈 반죽
밀가루(강력분 T65) 150g
호두가루 100g
버터 125g
달걀 1개
물 20ml
소금

카르둔 라구
카르둔 2단
밀가루 50g
닭 근위 콩피 200g
생호두 100g
이탈리안 파슬리 1/2단
버터 50g
뱅존(vin jaune) 와인 100ml
레몬 1개
천일염

크림 필링
액상 생크림(유지방 35%) 250ml
달걀 2개
달걀노른자 2개
넛멕
소금, 후추

완성, 플레이팅
크레송 300g
호두 기름 50ml
갈색 닭 육즙 소스(그레이비) 50ml

키슈 반죽 PÂTE
깨끗한 작업대 위에 밀가루와 호두가루, 버터, 소금을 놓고 손으로 섞어 모래처럼 부슬부슬한 질감을 만든다. 가운데에 빈 공간을 만든 다음 달걀과 물을 넣고 둘레의 가루 반죽과 섞어준다. 손바닥 끝으로 반죽을 바닥에 끊어가며 밀듯이 문질러 반죽한다(fraiser). 이 작업을 2회 반복한다. 반죽을 둥글게 뭉친 뒤 랩으로 싸 냉장고에 30분간 넣어둔다.

카르둔 라구 RAGOÛT DE CARDONS
카르둔의 껍질을 벗긴 뒤 한 다발의 줄기 부분을 작은 막대 모양으로 썬다. 다른 한 다발의 줄기는 얇게 슬라이스한다. 레몬 물에 담가 갈변을 막아준다. 냄비에 찬물 1리터를 넣고 밀가루를 풀어준다. 뜨겁게 가열해 채소 익힘용 블랑(blanc) 액을 만든다. 천일염을 넣고 카르둔을 넣어준다. 유산지를 냄비 크기로 잘라 뚜껑처럼 덮어준다. 약 20분간 익힌다. 칼끝으로 찔러보아 익은 상태를 확인한다. 닭 근위 콩피를 두께 2mm로 얇게 썬다. 생호두를 잘게 부순다. 이탈리안 파슬리는 장식용으로 잎 몇장을 남겨두고 나머지는 모두 잘게 썬다(p.56 테크닉 참조). 익힌 카르둔(스틱과 얇게 썬 것 모두)을 찬물에 헹군다. 소테팬에 버터를 두르고 닭 근위를 볶는다. 여기에 카르둔, 호두를 넣고 함께 볶는다. 뱅존 와인을 넣고 디글레이즈 한다. 와인이 졸아들면 마지막에 잘게 썬 이탈리안 파슬리를 넣어준다. 간을 맞춘다.

크림 필링 APPAREIL À CRÈME PRISE
볼에 재료를 모두 넣고 거품기로 저어 혼합한다.

완성하기 FINITIONS
유산지를 깐 오븐팬 위에 길쭉한 타르트 링을 올려놓는다. 키슈 반죽을 얇게 밀어 각 타르트 링에 깔아준다. 냉장고에 넣어 20분간 휴지시킨다. 오븐을 160°C로 예열한다. 타르트 시트를 오븐에 넣어 10분간 초벌굽기 한다. 꺼내서 식힌 뒤 카르둔 라구를 채워 넣는다. 크림 필링을 높이의 반 까지 채워 덮은 뒤 160°C 오븐에 넣어 20분간 굽는다. 칼끝으로 찔러보아 익힘 상태를 확인한다.

플레이팅 DRESSAGE
접시에 키슈를 놓고 조심스럽게 틀을 제거한다. 크레송 잎과 얇고 동그랗게 썬 카르둔을 키슈 위에 얹어준다. 소금, 후추를 뿌린다. 닭 육즙 소스를 조금 뿌린 뒤 호두 오일을 몇 방울씩 뿌린다. 이탈리안 파슬리 잎에 호두 오일을 바른 뒤 키슈 위에 얹어 장식한다.

루콜라 피스투, 고깔양배추, 구운 아보카도 테린

FEUILLE À FEUILLE DE PISTOU DE ROQUETTE, CHOU POINTU ET AVOCAT GRILLÉ

6인분

준비
1시간

조리
25분

도구
블렌더
18cm x 8cm 사각 프레임
고운 원뿔체
면포
그릴팬
주방용 붓
스포이트
짤주머니

재료

갈릭 오일
마늘 1통
포도씨유 300ml
소금, 후추

루콜라 피스투
루콜라 200g
갈릭 오일 30ml
포도씨유 30ml
엑스트라버진 올리브오일 30ml
소금, 후추

고깔양배추 아보카도 테린
고깔양배추 큰 것 1개
아보카도(Hass) 2개

허니머스터드 소스
머스터드(moutarde de Meaux) 50g
아카시아 꿀 25g

버터밀크 커드
버터밀크(lait ribot) 300ml
레몬즙 30ml
소금 1꼬집

버터밀크 쿨리
버터밀크(lait ribot) 200ml
옥수수 전분 15g

완성, 플레이팅
루콜라 어린 잎
회색 게랑드 (Guérande) 천일염

갈릭 오일 HUILE D'AIL
마늘을 한 톨씩 분리한 뒤 껍질째 짓이긴다. 오븐 사용이 가능한 작은 용기에 포도씨유와 마늘을 넣은 뒤 60℃ 오븐에 넣어 향이 우러나도록 하룻밤 뭉근히 익힌다. 다음 날 고운 원뿔체에 거른다.

루콜라 피스투 PISTOU DE ROQUETTE
블렌더에 루콜라 잎을 넣고 3종류의 기름을 조금씩 넣어가며 갈아준다. 간을 맞춘다.

아보카도 고깔양배추 테린 PRESSÉ D'AVOCAT ET CHOU POINTU
양배추의 잎 모양을 그대로 유지하면서 한 켜 한 켜 조심스럽게 분리한다. 양배추 잎을 그릴팬에 놓고 뒤집개로 눌러가며 한 장씩 굽는다. 아보카도를 반으로 잘라 씨를 제거한 뒤 도톰하게 슬라이스한다. 그릴팬에 살짝 구운 뒤 껍질을 벗겨낸다. 팬에 구운 양배추 잎을 길게 반으로 잘라 중앙의 굵은 심지를 잘라낸다. 미리 올리브오일을 발라 둔 직사각형 프레임 안에 양배추를 3~4겹 깔아준다. 매 켜마다 간을 한다. 그 위에 루콜라 피스투를 끼얹은 다음 구운 아보카도 슬라이스를 빈틈없이 깔아 얹는다. 다시 루콜라 피스투를 발라준다. 마지막으로 양배추 잎을 4겹 얹고 살짝 눌러 표면을 평평하게 마무리한다.

허니머스터드 소스 CONDIMENT ROQUETTE-MOUTARDE
볼에 루콜라 피스투와 머스터드, 아카시아 꿀을 넣고 잘 섞는다. 짤주머니에 채워 넣는다.

버터밀크 커드 CAILLÉ DE LAIT RIBOT
소스팬에 버터밀크와 레몬즙, 소금 한 꼬집을 넣고 끓을 때까지 가열한다. 면포에 걸러 리코타 치즈와 비슷한 질감으로 응고된 커드를 받아낸다.

버터밀크 쿨리 COULIS DE LAIT RIBOT
소스팬에 버터밀크와 옥수수 전분을 넣고 거품기로 잘 개어 풀어준다. 계속 저으며 농도가 걸쭉해질 때까지 중불로 끓인다. 스포이트에 채워 넣는다.

플레이팅 DRESSAGE
아보카도 양배추 테린을 1.5cm 두께로 썬 다음 각각 그릴팬에 구워 색을 낸다. 접시에 테린을 담고 버터밀크 커드를 조금씩 올린다. 허니머스터드 소스와 버터밀크 쿨리를 접시 위에 고루 짜 놓는다. 각각 다른 사이즈의 루콜라 어린 잎에 갈릭 오일과 소금(플뢰르 드 셀)을 넣어 살짝 드레싱한 뒤 테린 위에 얹어 마무리한다.

셰프의 조언

알루미늄 포일에 마늘과 오일을 싼 다음 가열해 갈릭 오일을 만들어도 된다. 마늘과 오일을 싼 포일을 물이 담긴 냄비 안에 띄워 놓고 약불로 한 시간가량 끓인다.

트로피컬 로메인 샐러드
SALADE ROMAINE EXOTIQUE

6인분

준비
30분

냉장
5분

조리
15분

도구
지름 5cm 원형 쿠키커터
마이크로플레인 그레이터
베이킹용 밀대

재료
로메인 상추 3송이
닭 가슴살 3개

튀김옷
간장 50ml
참기름 20ml
달걀 2개
옥수수 전분 100g
사테 시즈닝 100g
빵가루 300g
낙화생유 150ml

트로피컬 비네그레트 소스
패션프루트 4개
라임 3개
쪽파 1단
고수 1단
그린 망고 1개
노랑 망고 1개
생강 10g
홍피망 1개
무염 땅콩 50g
참기름 200ml

치즈 튀일
체다 치즈 200g

완성, 플레이팅
라임즙
고수 잎

로메인 상추 속잎을 잘 씻은 뒤 길게 반으로 자른다. 종이타월에 놓고 수분을 제거한 다음 냉장고에 보관한다.

닭 가슴살의 두께를 반으로 잘라 펴준다. 물에 살짝 헹군 뒤 두 장의 유산지 사이에 넣고 베이킹용 밀대로 살살 두드려 납작하게 펴준다. 냉동실에 5분간 넣어둔다. 지름 5cm 원형 커터를 사용해 동그란 모양으로 잘라낸다.

튀김옷 PANURE À L'ANGLAISE
그릇을 3개 준비한다. 첫 번째 용기에 간장, 참기름, 달걀을 넣고 섞는다. 다른 그릇에는 옥수수 전분, 세 번째 그릇에는 빵가루와 사테 시즈닝을 넣고 섞어준다. 동그랗게 도려낸 닭 가슴살에 전분을 묻힌 뒤 여분을 털어낸다. 이어서 달걀을 묻히고 마지막으로 사테 빵가루를 고루 묻힌 다음 잘 붙도록 눌러준다. 냉장고에 보관한다.

트로피컬 비네그레트 소스 VINAIGRETTE EXOTIQUE
패션프루트를 반으로 자른 뒤 작은 스푼으로 씨와 과육즙을 볼에 덜어낸다. 라임 2개의 껍질 제스트를 갈아낸 뒤 즙을 짠다. 쪽파는 어슷썰기 한다(p.64 테크닉 참조). 고수는 잘게 썬다. 망고의 껍질을 벗긴 뒤 살을 브뤼누아즈로 아주 잘게 깍둑 썬다. 생강의 껍질을 벗긴 뒤 강판에 간다. 피망의 껍질을 벗긴(p.43 테크닉 참조) 뒤 브뤼누아즈로 잘게 깍둑 썬다. 땅콩을 굵직하게 다진다. 재료를 모두 섞은 뒤 참기름을 첨가한다.

치즈 튀일 DENTELLE DE FROMAGE
논스틱 팬에 가늘게 간 체다 치즈를 넣고 녹여 바삭한 튀일로 구워낸다. 꺼내서 식힌 뒤 적당한 크기로 부러트린다.

플레이팅 DRESSAGE
팬에 낙화생유를 달군 뒤 튀김옷을 입혀둔 닭고기를 넣고 노릇한 색이 나도록 튀기듯 뒤집어가며 지진다. 라임즙을 뿌린다. 접시에 로메인 상추를 담고 그 위에 동그란 닭고기 튀김을 하나씩 얹는다. 그 사이에 치즈 튀일을 한 조각씩 끼워 넣는다. 트로피컬 비네그레트를 뿌리고 고수 잎을 몇 장 얹어 장식한다.

훈제버터 사바용을 곁들인 쉬크린 양상추
SUCRINE BRAISÉE, SABAYON AU BEURRE FUMÉ

6인분

준비
20분

조리
1시간

도구
망국자
거품기
휘핑 사이펀 + 가스 캡슐
주방용 온도계

재료
쉬크린 상추 6개
양상추 1개
버터 50g
흰색 송아지 육수 400ml

향신 재료
당근 1/2개
양파 1/2개
부케가르니(리크, 타임, 월계수, 셀러리 잎) 1개

훈제버터 사바용
버터 300g
달걀 5개
달걀노른자 2개
그릭 요거트 120g

완성, 플레이팅
메밀 플레이크 1테이블스푼
마늘 꽃잎
처빌 잎

향신 재료 GARNITURE AROMATIQUE
당근과 양파를 씻어 껍질을 벗긴 뒤 모두 페이잔 모양으로 작게 썬다(p.61 테크닉 참조). 부케가르니를 만든다.

양상추 LAITUE
양상추는 시든 겉잎을 떼어낸 다음 식초를 넣은 물에 여러번 씻는다(p.28 참조). 냄비에 물과 소금을 넣고 끓인 다음 양상추를 통째로 넣고 2~3분간 센 불에서 데쳐낸다(p.88 테크닉 참조). 찬물에 넣어 식힌 뒤 건져 손으로 꼭 눌러 짠다. 크고 보기 좋은 모양의 양상추 잎 몇 장을 추려내어 쉬크린 상추를 감싸는 용도로 보관한다.

브레이즈드 쉬크린 양상추 SUCRINES BRAISÉES
냄비에 물과 소금을 넣고 끓인 다음 쉬크린 상추를 넣고 데친다. 건져서 찬물에 넣어 식힌다. 건져서 손으로 꼭 짜 수분을 제거한다. 큰 소테팬에 버터를 달군 뒤 당근과 양파를 넣고 색이 나지 않고 수분이 나오도록 볶는다. 여기에 쉬크린 양상추를 한 켜로 놓고 미리 뜨겁게 데워 둔 흰색 송아지 육수를 부어준다. 끓을 때까지 가열한다. 이어서 부케가르니를 넣는다. 냄비 크기로 자른 유산지를 덮어준 뒤 냄비 뚜껑을 덮는다. 180℃ 오븐에 넣어 45분간 익힌다. 익힘 상태를 확인한 후 쉬크린 양상추를 건진다. 꼭 짜서 물기를 제거한다. 미리 준비해 둔 양상추 잎에 쉬크린을 한 개씩 넣고 모양을 보기 좋게 잡으며 돌돌 말아 싼다. 쉬크린 익히고 남은 국물 150ml에 양상추로 싼 쉬크린을 넣고 다시 가열해 윤기나게 마무리한다.

훈제버터 사바용 SABAYON AU BEURRE FUMÉ
버터를 넓은 용기에 담은 뒤 훈연기에 약 2시간 넣어 훈연한다. 혹은 냄비에 버터와 마른 건초 두 줌을 함께 넣고 불을 붙여 태운다. 뚜껑을 덮고 전원이 꺼진 오븐에 넣어둔다. 내열 믹싱볼에 달걀, 달걀노른자. 물 3테이블스푼을 넣고 뜨거운 중탕 냄비 위에 올린 채 거품기로 저어준다. 달걀 혼합물의 농도가 걸쭉해질 때까지(82℃) 거품기로 휘저어준다. 훈제버터를 녹인 뒤 달걀 혼합물에 조금씩 넣어가며 섞는다. 그릭 요거트를 넣어 섞은 뒤 소금, 후추로 간을 맞춘다. 휘핑 사이펀에 채워 넣고 가스 캡슐 한 개를 장착한다.

플레이팅 DRESSAGE
우묵한 접시 바닥에 훈제버터 사바용을 넉넉히 짜 깔아준 다음 쉬크린 양상추를 놓는다. 메밀 플레이크와 마늘 꽃잎, 처빌 잎을 보기좋게 얹어 장식한다.

크레송 쿨리
COULIS DE CRESSON

6인분

준비
1시간

조리
45분

도구
블렌더
핸드 블렌더
주방용 붓

재료

크레송 쿨리
물 1리터
크레송 1단
소금

크리미 양파 루아얄
스위트 양파(oignons doux des Cévennes) 3개
버터 20g
흰색 닭 육수 500ml
달걀노른자 3개
달걀 1개
생크림 500ml
고운 소금, 후추

토스트
얇게 자른 식빵 슬라이스 6장
정제버터 100ml
소금

가니시
크레송 잎 몇 장
캐비아 10g

크레송 쿨리 COULIS DE CRESSON
식초를 넣은 물에 크레송을 깨끗이 씻는다(p.28 테크닉 참조). 줄기를 잘라낸다. 냄비에 물 1리터를 끓인 뒤 소금을 넣는다. 팔팔 끓는 물에 크레송을 넣고 데쳐낸다(p.88 테크닉 참조). 찬물에 식혀 선명한 녹색을 유지하도록 한다. 블렌더로 갈아준다.

크리미 양파 루아얄 ROYALE D'OIGNON
양파의 껍질을 벗긴 뒤 잘게 썬다. 코코트 냄비에 버터를 녹인 뒤 양파를 넣고 투명해질 때까지 볶는다. 소금, 후추로 간한다. 닭 육수를 넣고 양파가 완전히 익을 때까지 끓인다. 볼에 달걀과 달걀노른자, 생크림을 넣고 거품기로 저어 섞는다. 이것을 양파 냄비에 넣고 핸드 블렌더로 갈아 매끄럽게 혼합한다. 80℃ 오븐에 넣어 약 30분간 익힌다.

토스트 TOAST
식빵에 소금을 뿌린 뒤 정제버터를 발라준다. 160℃ 오븐에 넣어 노릇하게 굽는다.

플레이팅 DRESSAGE
우묵한 접시나 볼 중앙에 크리미 양파 루아얄을 담고 크레송 쿨리(냉, 온 모두 가능)를 빙 둘러 붓는다. 식빵 토스트를 크리미 양파 루아얄 위에 올린다. 캐비아를 조금 얹은 뒤 크레송 잎으로 장식한다.

구운 트레비소, 고르곤졸라 라비올리, 판체타

TRÉVISE GRILLÉE, RAVIOLE DE GORGONZOLA ET PANCETTA

6인분

준비
1시간

휴지
1시간

조리
20분

도구
지름 8cm 원형 커터
그릴팬
파스타 롤러
전동 스탠드 믹서

재료

강황 라비올리 반죽
밀가루 200g
달걀 2개
소금 2꼬집
올리브오일 2티스푼
강황 1티스푼

오징어 먹물 라비올리 반죽
밀가루 200g
달걀 2개
소금 2꼬집
올리브오일 2티스푼
오징어 먹물 2g

라비올리 소 재료
고르곤졸라 치즈 400g

구운 트레비소
레드 트레비소 2개
올리브오일 4테이블스푼
라타피아(ratafia) 리큐어 100ml
소금, 후추

가니시 부재료
판체타 슬라이스 12장
잣 2테이블스푼
방울양파 12개
블랙 코린트 건포도 2테이블스푼
야생 루콜라 잎 50g
올리브오일

완성, 플레이팅
크레송 쿨리 300ml
에스플레트 고춧가루

강황 라비올리 반죽 PÂTE À RAVIOLES AU CURCUMA
전동 스탠드 믹서 볼에 재료를 모두 넣고 반죽기를 돌려 균일한 혼합물을 만든다. 꺼내서 덩어리로 뭉친 뒤 냉장고에 1시간 넣어둔다.

오징어 먹물 라비올리 반죽 PÂTE À RAVIOLES À L'ENCRE DE SEICHE
위의 강황 라비올리 반죽과 마찬가지 방법으로 준비한다.

라비올리 RAVIOLES
파스타 롤러를 사용해 두 가지 반죽을 각각 균일한 두께로 길게 민다. 오징어 먹물 라비올리 반죽을 넓적한 국수 모양으로 자른 다음 강황 라비올리 반죽 띠 위에 일정한 간격으로 놓고 물을 사용해 붙여준다. 이것을 다시 한 번 파스타 롤러로 납작하게 밀어준다. 지름 8cm의 만두피 모양으로 잘라낸다. 고르곤졸라 치즈를 포크로 대충 으깬 뒤 줄무늬를 낸 피 안에 넣고 둘레를 붙여 라비올리를 빚는다. 냉장고에 보관한다.

구운 트레비소 TRÉVISE GRILLÉE
트레비소 양상추를 씻은 뒤 크기에 따라 적당히 세로로 등분한다. 올리브오일을 발라준 뒤 소금, 후추로 간한다. 그릴팬을 뜨겁게 달군 뒤 트레비소를 놓고 모든 면을 고루 굽는다. 채소가 익되 아직 살캉살캉한 식감이 남아 있도록 구워준다. 라타피아 리큐어를 넣고 디글레이즈 한 다음 그릇에 덜어놓는다. 팬에 남은 소스를 끼얹어준다.

가니시 부재료 GARNITURE
건포도를 따뜻한 물에 담가 불린 뒤 건져놓는다. 판체타 슬라이스를 팬에 굽는다. 유산지를 깐 오븐팬 위에 잣을 한 켜로 펼쳐놓고 150℃ 오븐에 넣어 5분간 로스팅한다. 방울양파의 껍질을 벗긴 뒤 반으로 잘라 뜨겁게 달군 올리브오일에 볶아낸다. 물기를 뺀 건포도를 양파에 넣고 섞어준다.

플레이팅 DRESSAGE
냄비에 물을 끓이고 소금을 넣은 다음 라비올리를 넣고 3분간 삶는다. 건져서 올리브오일을 조금 뿌려 고루 버무린다. 접시에 라비올리와 트레비소, 판체타, 잣, 방울양파와 건포도, 루콜라 잎을 보기 좋게 담는다. 크레송 쿨리를 군데군데 조금씩 뿌린다. 에스플레트 고춧가루를 조금 뿌려 마무리한다.

포도나무 잎 레몬 양고기 쌈

FEUILLES DE VIGNE À L'AGNEAU ET ZESTE DE CITRON

10인분

준비
1시간

조리
30분

도구
마이크로플레인 그레이터
마늘 다지기

재료

소 재료
양파 1개
다진 양고기 200g
쌀 200g
이탈리안 파슬리(다진다) 1/4단
레몬 2개

포도나무 잎
포도나무 잎 40~50장
해바라기유
소금

소스
플레인 요거트 2개
마늘 1통
엑스트라버진 올리브오일 40ml
소금, 후추

완성, 플레이팅
마이크로 허브(실란트로 크레스) 1/4단(선택사항)

소 재료 FARCE

양파를 잘게 썬다(p.56 테크닉 참조). 소테팬에 해바라기유를 달군 뒤 양파를 색이 나지 않게 볶는다. 양고기는 칼로 다지고 이탈리안 파슬리는 잘게 썬다. 볼에 다진 양고기, 씻은 쌀, 식용유 약간, 볶은 양파, 잘게 썬 파슬리, 레몬 제스트, 소금, 후추를 넣고 잘 치대어 섞는다.

포도나무 잎 FEUILLES DE VIGNES

냄비에 물을 끓이고 소금을 넣은 뒤 포도나무 잎을 3초간 담가 살짝 데쳐낸다. 건져서 바로 얼음물에 넣어 더 이상 익지 않도록 식힌다. 잎사귀에 소를 조금 놓고 양쪽 끝을 중앙으로 모아 접은 다음 돌돌 말아준다. 쌀이 익으면서 터질 우려가 있으니 너무 타이트하게 말지 않는다. 운두가 높은 냄비 바닥에 레몬 슬라이스와 포도나무 잎을 깔아 재료가 익는 중 타는 것을 방지한다. 돌돌 만 포도나무 잎 쌈을 한 켜로 놓는다. 너무 촘촘하지 않게 사이사이 여유를 두고 배치한다. 양이 많은 경우 여러 층으로 쌓아 배치해도 된다. 불린 쌀의 두 배 분량(부피 기준)의 물 또는 채소 육수나 양고기 육수를 붓는다. 냄비 지름보다 약간 작은 사이즈의 접시를 재료 위에 직접 닿도록 덮어준 뒤 무거운 것으로 눌러준다. 물이 다 졸아들 때까지 익힌다.

소스 SAUCE

마늘 다지기로 마늘을 다진다. 볼에 플레인 요거트와 다진 마늘을 넣고 섞는다. 소금, 후추로 간한 뒤 올리브오일을 조금씩 흘려 넣으며 거품기로 잘 섞어준다.

플레이팅 DRESSAGE

서빙용 볼에 소스를 담고 남은 올리브오일을 한 줄기 둘러준다. 소스에 마이크로 허브를 뿌린 뒤 포도나무 잎 쌈과 함께 서빙한다.

셰프의 조언

전기밥솥에 포도나무 잎 쌈을 넣고 같은 방법으로 익혀도 좋다.

소고기, 새우 보 분
BÒ BÚN AU BŒUF ET AUX CREVETTES

10인분

준비
2시간

조리
45분

도구
튀김기
체망
주방용 붓
우묵한 팬(웍)

재료

보 분
가는 쌀국수 250g
소고기 우둔살 500g
굴소스 쓰는 대로
올리브오일 쓰는 대로
양파 1개
양상추 1개
민트 1단
숙주나물 100g
다진 땅콩 쓰는 대로
스프링롤 소스 100g

코코넛 소스
코코넛 밀크 400g
실파 1단
소금

스프링롤
돼지고기 300g
당근 1개
주키니호박 1개
샬롯 1개
달걀흰자 1개분
새우살 20마리(사방 5mm 크기로 작게 썬다)
춘권피 20장
달걀노른자 1개
튀김 기름

보 분 BÒ BÚN
냄비에 물을 끓이고 소금을 넣은 뒤 쌀국수를 넣어 데친다. 바로 찬물에 넣어 식힌 뒤 건져서 올리브오일을 살짝 발라놓는다. 우둔살을 얇고 길게 썬 다음 굴소스를 넉넉히 넣고 올리브오일을 한 바퀴 뿌려 양념한다. 양파를 얇게 채 썰어(p.55 테크닉 참조) 올리브오일을 조금 달군 웍에 넣고 볶는다. 여기에 소고기 우둔살을 넣고 함께 센 불에서 볶아준다.

코코넛 소스 SAUCE COCO
작은 소스팬에 코코넛 밀크를 넣고 약불로 가열한다. 여기에 잘게 썬(p.56 테크닉 참조) 실파를 넣고 소금을 조금 넣어준다. 잘 섞는다.

스프링롤 NEMS
돼지고기를 다진다. 당근과 주키니호박은 가늘게 채 썰고 샬롯은 잘게 썬다(p.56 테크닉 참조). 이 재료를 모두 볼에 넣고 섞은 뒤 달걀흰자와 잘게 썬 새우살을 넣어준다. 소금, 후추로 간한다. 사각 춘권피의 한 모서리를 앞으로 오도록 놓은 뒤 소를 조금 넣고 반 정도까지 단단하게 말아준다. 양 옆을 중앙으로 모아 접은 뒤 끝까지 돌돌 만다. 붓으로 달걀노른자를 조금 발라 끝을 꼼꼼히 붙인다. 기름 온도를 180°C로 맞춰둔 튀김기에 넣어 6~7분간 튀긴다.

플레이팅 DRESSAGE
우묵한 볼에 양상추를 깔고 민트 잎과 숙주를 담는다. 굵직하게 부순 땅콩을 고루 뿌리고 쌀국수, 볶은 양파와 소고기, 먹기 좋은 크기로 자른 스프링롤을 얹는다. 코코넛 소스와 스프링롤 소스를 뿌려 서빙한다.

셰프의 조언

스프링롤은 약 1시간 30분 전에 말아두어 달걀노른자로 붙인 접합부가
완전히 마르도록 해야 튀길 때 벌어지지 않는다.

줄기채소, 구근류

파슬리와 포멜로를 곁들인
그린 아스파라거스
ASPERGES VERTES, PERSIL ET POMELOS

6인분

준비
1시간

건조
12시간

조리
10분

도구
블렌더
레몬 착즙기
깨끗한 면포

재료
그린 아스파라거스 18개
천일염 40g
올리브오일 100ml
씨를 뺀 블랙올리브 250g
이탈리안 파슬리 2단
포멜로 자몽 2개

마요네즈
디종 머스터드 10g
달걀노른자 3개분
포도씨유 200ml
소금(플뢰르 드 셀)
그라인드 후추

완성, 플레이팅
보라색 마늘 꽃 30g
매리골드 잎 30g
멜바 토스트(p.116 참조)

아스파라거스 ASPERGES
아스파라거스를 다듬어 손질한 뒤 몇 개씩 다발로 묶는다(p.38 테크닉 참조). 끓는 소금물(물 1리터당 천일염 10g)에 넣어 익힌다(p.90 테크닉 참조). 익히는 시간은 아스파라거스 굵기에 따라 조절한다. 손가락으로 머리 부분을 살짝 눌러 단단한 정도를 확인하면 된다. 익으면 건져서 얼음물에 식힌다. 물기를 제거한 뒤 올리브오일을 고루 묻혀둔다.

블랙올리브 OLIVES NOIRES
오븐팬에 유산지를 깐 다음 블랙올리브를 한 켜로 펼쳐 놓는다. 60℃ 오븐에 넣어 12시간 동안 건조시킨다. 블렌더로 간 다음 체에 내려 곱게 가루를 낸다.

파슬리 클로로필 CHLOROPHYLLE DE PERSIL
이탈리안 파슬리를 씻은 뒤 잎사귀 18장을 떼어낸다. 블렌더에 파슬리 잎과 얼음 몇 조각, 물 500ml를 넣고 간다. 면포를 깐 볼에 붓고 꼭 짜서 즙을 추출한다. 이 즙을 소스팬에 넣고 중탕 냄비 위에 얹은 뒤 녹색 거품(클로로필)이 표면에 떠오를 때까지 중불로 가열한다. 거품국자로 클로로필을 조심스럽게 떠내어 보관한다.

포멜로즙 농축액 RÉDUCTION DE POMELOS
포멜로 자몽의 즙을 짜낸 뒤 소스팬에 넣고 시럽 농도가 될 때까지 졸인다.

마요네즈 MAYONNAISE
머스터드, 달걀노른자, 소금, 후추를 섞은 뒤 기름을 조금씩 넣어가며 거품기로 휘저어 마요네즈 소스를 만든다. 두 개의 그릇에 나누어 담는다. 한 그릇에는 파슬리 클로로필을, 다른 그릇에는 포멜로즙 농축액을 넣고 각각 잘 섞어준다.

드라이 파슬리 PERSIL SÉCHÉ
이탈리안 파슬리 잎에 기름을 발라둔다. 전자레인지 사용이 가능한 랩을 접시 위에 팽팽히 씌운 다음 파슬리잎을 놓는다. 고운 소금을 솔솔 뿌린 뒤 다시 랩으로 한 켜 덮어준다. 전자레인지(830Watt)에 넣고 30초간 돌린다. 위에 씌워준 랩을 벗겨낸 뒤 완전히 건조시킨다.

플레이팅 DRESSAGE
밑을 받친 그릴 망 위에 아스파라거스를 올려놓는다. 유산지로 만든 코르네 또는 스포이트를 이용해 두 가지 색의 마요네즈를 아스파라거스 위에 얼룩 무늬로 짜 얹는다. 접시에 블랙올리브 가루를 뿌린 뒤 아스파라거스를 나란히 놓는다. 매리골드 잎, 드라이 파슬리, 보라색 마늘꽃을 얹어 장식한다. 작게 깍둑 썬 포멜로 과육과 동그랗게 잘라낸 멜바 토스트를 고루 얹어 곁들인다.

마리니에르 소스를 곁들인
구운 리크와 조개 살피콩

POIREAU GRILLÉ EN MARINIÈRE DE COQUILLAGES, SALMIGONDIS DE
COUTEAUX ET VERNIS

6인분

준비
1시간

조리
45분

도구
고운 원뿔체

재료

조개 살피콩
백합조개 6개
맛조개 12개
사과(Royal Gala 품종) 1개
차이브 1/2단

마리니에르 소스
샬롯 1개
타임 1/4단
화이트와인 200ml
사과즙 500ml

브라운 버터
가염버터 100g
샬롯 2개
애플사이더 식초 200ml

리크
가염버터 100g
리크(서양대파) 3대

완성, 플레이팅
별꽃잎 20g
애플블러섬 꽃 20g

조개 살피콩 SALPICON DE COQUILLAGES

대합조개를 깐 뒤 주황색 생식소는 떼어낸다. 맛조개의 껍데기를 깐 뒤 살만 꺼내낸다. 맛조개와 대합 살을 각각 잘게 깍둑 썬다. 서빙하기 바로 전 맛조개를 살짝 데워 뽀얀 색을 살린 뒤 대합 살과 섞어준다. 브뤼누아즈로 잘게 깍둑 썬(p.60 테크닉 참조) 사과와 잘게 썬 차이브를 넣어준다.

마리니에르 소스 MARINIÈRE

끓는 물에 맛조개 껍데기 6개를 넣고 데친 뒤 깨끗이 씻어 플레이팅용으로 준비한다. 샬롯을 얇게 썬다(p.65 테크닉 참조). 냄비에 백합조개 껍데기와 나머지 맛조개 껍데기, 타임 몇 줄기, 얇게 썬 샬롯, 화이트와인을 넣고 가열을 시작한다. 5~10분 정도 끓인 뒤 체에 걸러 그 즙을 받아낸다. 이 마리니에르즙을 살짝 졸인다. 다른 소스팬에 사과즙을 넣고 시럽 농도가 될 때까지 졸인다. 여기에 마리니에르즙을 넣고 섞어준다.

브라운 버터 BEURRE NOISETTE

소테팬에 버터를 넣고 헤이즐넛 색이 날 때까지 녹인다. 검게 타지 않도록 주의한다. 샬롯을 잘게 썬다(p.56 테크닉 참조). 소스팬에 애플사이더 식초와 샬롯을 넣고 수분이 완전히 없어질 때까지 졸인 뒤 브라운 버터를 넣고 잘 섞어준다.

리크 POIREAUX

버터를 천천히 가열해 녹여 층이 분리되면 위에 뜨는 거품을 제거하고 바닥의 흰색 유청을 남겨둔 채 맑은 황색 기름 부분만 따라내어 정제버터를 만든다. 리크의 흰 부분을 뿌리째 길게 반으로 자른다. 리크의 녹색 부분은 보관해 두었다가 다른 용도로 사용한다. 끓는 물에 리크 흰 부분을 데쳐낸다. 팬에 정제버터를 달군 뒤 거품을 내며 끓어오르기 시작하면 리크의 단면이 아래로 오도록 놓고 갈색이 날 때까지 튀기듯 지진다.

플레이팅 DRESSAGE

조갯살 살피콩을 맛조개 껍데기에 채워 넣는다. 각 접시 위에 구운 리크를 단면이 위로 오도록 놓고 속을 채운 맛조개 껍데기를 올린다. 별꽃잎과 애플블러섬 꽃을 얹어 장식한다. 마리니에르 소스와 브라운 버터를 뿌린 뒤 서빙한다.

미니 펜넬 크림

PETITS POTS DE FENOUIL EN MULTI TEXTURES

6인분

준비
40분

냉장
30분

조리
20분

도구
작은 유리 볼
(150~200ml) 6개
핸드믹서
블렌더
만돌린 슬라이서
체
마이크로플레인
그레이터

재료

파르메산 사블레
파르메산 치즈 50g
밀가루 50g
상온의 포마드 버터
50g

펜넬 퓌레
펜넬 350g
올리브오일
팔각 1개

펜넬 크레뫼
펜넬 160g
판 젤라틴 1.5장(3g)
액상 생크림(유지방
35%) 70ml
소금, 후추

브레이즈드 펜넬
펜넬 1개
올리브오일 50ml
펜넬즙 200ml
파스티스 50ml
소금, 흰 후추

펜넬 샐러드
펜넬 1/4개
얼음 몇 조각
레몬즙
올리브오일
딜 1/8단

완성, 플레이팅
함초 50g
딜 3줄기
보리지 꽃
레몬 1개

파르메산 사블레 SABLÉ PARMESAN
재료를 모두 손으로 혼합한 뒤 반죽을 굴려 지름 4cm 원통형으로 만든다. 냉장고에 30분 정도 넣어 휴지시킨다. 원통형 반죽을 2cm 두께로 슬라이스한다. 오븐팬에 놓고 180℃ 오븐에서 황금색이 날 때까지 10분 정도 굽는다. 식힘망에 올려 식힌다.

펜넬 크레뫼 CRÉMEUX DE FENOUIL
펜넬을 씻어서 얇게 썬다(p.55 테크닉 참조). 소스팬에 펜넬과 올리브오일, 팔각을 넣고 찌듯이 푹 익힌다. 팔각을 건져낸 뒤 블렌더에 간다. 체에 긁어내려 곱고 매끈한 퓌레를 만든다. 찬물에 미리 불려둔 판 젤라틴을 꼭 짜서 따뜻한 온도의 펜넬 퓌레 160g에 넣고 잘 섞어준다(나머지 퓌레는 따로 보관한다). 생크림을 핸드믹서로 가볍게 휘핑한다. 젤라틴을 넣은 펜넬 퓌레가 반쯤 굳었을 때 휘핑한 크림을 넣고 섞어준다. 개인 서빙용 작은 유리병에 혼합물을 2cm 두께로 채워 넣는다. 냉장고에 넣어 굳힌다.

브레이즈드 펜넬 FENOUIL BRAISÉ
펜넬을 잘게 썬다. 작은 소테팬에 올리브오일을 두른 뒤 펜넬을 넣고 색이 나지 않게 볶는다. 펜넬즙을 넣어준다. 유산지로 뚜껑을 만들어 덮어준 뒤 완전히 익을 때까지 약불로 끓인다. 간을 맞추고 파스티스를 넣어준다. 뜨겁게 보관한다.

펜넬 샐러드 SALADE DE FENOUIL
펜넬을 만돌린 채칼로 얇게 썬다. 볼에 넣고 물, 얼음, 레몬즙 몇 방울을 넣어준다. 서빙하기 바로 전, 펜넬을 건져 수분을 제거한 뒤 올리브오일, 소금, 후추, 딜을 넣어 드레싱한다.

완성, 플레이팅 DRESSAGE
소금을 넣지 않은 끓는 물에 함초를 넣고 데친다(p.88 테크닉 참조). 건져서 얼음물에 식힌다. 펜넬 크레뫼를 깔아둔 작은 유리병에 펜넬 퓌레를 조금 얹고 굵직하게 부순 파르메산 사블레를 놓는다. 이어서 따뜻한 브레이즈드 펜넬을 올리고 마지막에 펜넬 샐러드를 얹어준다. 함초, 딜, 보리지 꽃, 레몬 제스트를 얹어 장식한다.

명이 페스토를 곁들인 분홍 마늘 크로켓
CROMESQUIS D'AIL ROSE, PESTO D'AIL DES OURS

6인분

준비
1시간

조리
30분

도구
블렌더
지름 10cm 높이 4cm 무스링
튀김기
만돌린 슬라이서
체
주방용 온도계

재료

분홍 마늘
분홍 마늘 4통
달걀 3개
마늘쫑 50g
소금(플뢰르 드 셀)
그라인드 후추

명이 페스토
명이 500g
엑스트라버진 올리브오일 100ml

튀김옷
빵 속살 500g
달걀 3개
밀가루 200g
낙화생유

완성, 플레이팅
마늘 2통
낙화생유
보라색 마늘 꽃 30g

분홍 마늘 AIL ROSE
마늘의 껍질을 벗기고 반으로 잘라 싹을 제거한 뒤 끓는 물에 두 번 데쳐낸다 (p.89 테크닉 참조). 달걀을 완숙으로 삶은 뒤 흰자와 노른자를 분리해 각각 체에 곱게 긁어내린다. 데친 마늘은 브뤼누아즈로 아주 작게 깍둑 썬다(p.56 테크닉 참조). 재료를 모두 섞고 소금, 후추로 간한다. 무스링 안에 채워 냉동실에 넣어 굳힌다(튀김옷을 입히기 용이하다).

명이 페스토 PESTO D'AIL DES OURS
소금을 넣은 끓는 물에 명이 잎을 데친다. 손으로 짜 물을 제거한 다음 블렌더에 넣고 올리브오일을 넣어가며 갈아준다.

튀김옷 PANURE
빵 속살을 블렌더에 갈아준다. 달걀을 깨 풀어놓는다. 다른 그릇에는 밀가루를 준비한다(p. 100 참조). 원반형으로 굳힌 마늘 패티에 밀가루, 달걀, 빵가루를 순서대로 입힌다. 이 과정을 다시 한 번 반복한 뒤 마지막에 빵가루를 꼭꼭 눌러준다. 튀기기 전까지 냉장고에 넣어둔다. 160℃로 가열한 튀김 기름에 마늘 크로켓을 넣고 노릇한 색이 날 때까지 튀긴다.

완성하기 FINITIONS
명이 잎 6장을 전자레인지에 넣어 건조시킨다. 마늘의 껍질을 벗긴 뒤 만돌린 슬라이서를 이용해 얇게 저민다. 이것을 끓는 물에 데쳐낸 뒤 종이타월로 물기를 제거한다. 기름에 재빨리 튀겨내 노릇한 마늘 칩을 만든다. 종이타월에 놓아 여분의 기름을 제거한다.

플레이팅 DRESSAGE
서빙용 볼에 명이 페스토를 깔고 마늘 크로켓을 올린다. 건조시킨 명이잎, 튀긴 마늘 칩, 보라색 마늘 꽃을 얹어 장식한다.

양파 셸에 채운 판나코타
PANNACOTTA EN COQUES D'OIGNONS

10인분

준비
30분

조리
20분

휴지
10분

도구
원뿔체
만돌린 슬라이서
핸드 블렌더
조리용 붓
실리콘 패드
지름 5cm 원통형 스텐
튜브

재료

양파 셸
흰 양파 4개

양파 판나코타
우유 100ml
액상 생크림
(유지방 35%) 200ml
흰 양파 100g
카라지난 분말 0.7g
소금, 흰 후추

양파 칩
로스코프(Roscoff)
양파 1개
슈거파우더

양파 크럼블
상온의 포마드 버터
60g
밀가루 60g
다진 아몬드 30g
잘게 썬 양파 60g
잘게 썬 로즈마리
3줄기분

브릭 페이스트리 튜브
브릭 페이스트리 시트
2장
정제버터

양파 에스푸마
노랑 양파 250g
저지방 우유 25ml
액상 생크림
(유지방 35%) 75ml
가늘게 간 파르메산
치즈 1테이블스푼

양파 튀김
흰 방울양파 6개
우유 100ml
밀가루 100g
소금

적양파 피클
적양파 1개
물 200ml
식초 100ml
설탕 80g
마늘 1톨

완성, 플레이팅
쪽파 2개
흰색, 보라색 마늘 꽃
20송이

양파 셸 COQUES D'OIGNONS

양파를 씻어 반으로 자른다. 팬에 버터를 두른 뒤 양파를 넣어 노릇한 색이 나도록 지진다. 이어서 160℃ 오븐에 넣어 30분 정도 굽는다. 익은 양파를 켜켜이 분리해둔다.

양파 판나코타 PANNACOTTA À L'OIGNON

작은 소스팬에 우유, 생크림, 얇게 썬(p.55 테크닉 참조) 양파를 넣고 뚜껑을 덮은 뒤 천천히 익힌다. 핸드 블렌더로 갈아준다. 카라지난 분말을 넣고 걸쭉한 점도가 생기도록 끓인다. 간을 맞춘다. 양파 셸에 넣어 채운다.

양파 칩 CHIPS D'OIGNONS

양파의 껍질을 벗긴 뒤 만돌린 슬라이서를 사용해 세로로 얇게 저민다. 양파 슬라이스를 실리콘 패드를 깐 오븐팬 위에 한 장씩 펴 놓고 슈거파우더를 솔솔 뿌린 뒤 그대로 10분간 휴지시킨다. 80℃ 오븐에 넣어 1시간 동안 건조시킨다.

양파 크럼블 CRUMBLE D'OIGNONS

재료를 모두 섞어 모래처럼 부슬부슬한 질감의 반죽을 만든다. 실리콘 패드를 깐 오븐팬 위에 고루 펼쳐 뿌린 뒤 160℃ 오븐에 넣어 노릇한 색이 날 때까지 10분 정도 굽는다.

브릭 페이스트리 튜브 TUBES DE FEUILLES DE BRICK

브릭 페이스트리 시트를 5 x 25cm 크기의 직사각형으로 자른 뒤 정제버터를 붓으로 발라준다. 지름 5cm 굵기의 스텐 파이프 둘레에 브릭 페이스트리 시트를 한 장씩 감아준 다음 전체를 알루미늄 포일로 고정시켜준다. 180℃ 오븐에 넣어 8분간 굽는다. 뜨거운 상태에서 스텐 파이프를 빼준 다음 상온에 보관한다.

양파 에스푸마 ESPUMA D'OIGNONS

양파의 껍질을 벗긴 뒤 얇게 썬다(p.55 테크닉 참조). 물을 반 정도 채운 작은 소스팬에 양파를 넣고 뚜껑을 덮은 뒤 약불로 뭉근히 푹 익혀 콩포트를 만든다. 건져서 핸드 블렌더로 갈아준 다음 체에 거른다. 따뜻한 우유에 파르메산 치즈를 녹인 뒤 양파 콩포트에 넣어 섞는다. 여기에 생크림을 넣어준다. 간을 맞춘다. 이 혼합물을 휘핑 사이펀에 채워 넣고 가스 캡슐 2개를 끼운다. 냉장고에 넣어둔다.

방울양파 튀김 OIGNONS FRITS

방울양파의 껍질을 벗긴 뒤 링 모양으로 썬다. 소량의 우유에 살짝 담갔다가 밀가루를 묻힌 뒤 170℃ 기름에 노릇하게 튀겨낸다.

적양파 피클 PICKLES D'OIGNONS ROUGES

적양파를 반으로 자른 뒤 길이로 썰어준다(1cm 두께). 소스팬에 물, 식초, 설탕을 넣고 끓인 뒤 양파 슬라이스를 넣고 상온으로 식힌다.

완성하기 FINITIONS

쪽파를 얇게 송송 썬다. 판나코타를 채운 양파 셸 위에 쪽파 슬라이스, 방울양파 링 튀김, 마늘 꽃을 얹어준다.

플레이팅 DRESSAGE

각 접시에 완성된 양파 셸을 3개씩 놓는다. 원통형으로 구운 브릭 페이스트리 안에 양파 에스푸마를 조금 짜 넣어 채운 뒤 접시마다 한 개씩 놓는다. 양파 크럼블과 적양파 피클을 보기 좋게 놓아 완성한다.

양고기와 샬롯 크림을 채운 샬롯
ÉCHALOTES FARCIES À L'AGNEAU ET CRÈME D'ÉCHALOTE GRISE

6인분

준비
1시간

조리
35분

도구
찜기 또는 스팀 오븐
정육용 분쇄기
주방용 온도계

재료

샬롯
길쭉한 모양의 샬롯 6개

양고기 스터핑
양 앞다리살(어깨) 250g
돼지 항정살 70g
샬롯 70g
올리브오일 1테이블스푼
화이트와인 150ml
이탈리안 파슬리 1/4단
민트 1/4단
차이브 1/4단
잘게 다진 오레가노 1/4티스푼
피키요스 고추 4개
골든 건포도 1티스푼
정제버터 60g
소금, 후추

회색 샬롯 크림
버터 50g
회색 샬롯 300g
채소 육수 200ml
액상 생크림(유지방 35%) 50g
소금, 후추

완성, 플레이팅
양 육즙 소스 100ml
쪽파 녹색 부분 6대
보라색 마늘 꽃

샬롯 ÉCHALOTES
샬롯을 유산지 파피요트로 싼 다음 180℃ 오븐에 넣어 25분간 익힌다. 익은 샬롯을 켜켜이 분리해준다. 모양이 좋은 몇 장을 플레이팅용으로 골라둔다.

양고기 스터핑 FARCE À L'AGNEAU
양 앞다리살과 돼지 항정살을 분쇄기에 간다. 팬에 올리브오일을 달군 뒤 잘게 썬 샬롯을 넣고 색이 나지 않게 볶는다. 화이트와인을 넣어 디글레이즈 한 다음 수분이 완전히 날아갈 때까지 가열한다. 덜어내어 식힌다. 미리 칼로 다져둔(p.54 테크닉 참조) 허브를 모두 넣어 섞는다. 다시 팬에 넣고 살짝 볶은 뒤 갈아놓은 고기에 넣고 잘 섞어준다. 소금, 후추로 간을 한다. 피키요스 고추를 브뤼누아즈로 잘게 깍둑 썰어(p.60 테크닉 참조) 넣어준다. 따뜻한 물에 미리 담가 불려둔 건포도를 넣고 잘 섞는다. 두 개의 수프용 스푼을 이용해 갸름한 타원형의 크넬(quenelles)을 만든다. 스터핑 크넬에 샬롯을 한 장씩 덮어준 다음 정제버터를 발라 85℃ 스팀 오븐에서 10분간 익힌다.

회색 샬롯 크림 CRÈME D'ÉCHALOTE GRISE
샬롯의 껍질을 벗기고 얇게 썬 다음(p.55 테크닉 참조) 버터를 녹인 팬에 넣고 색이 나지 않고 수분이 나오도록 볶는다. 여기에 채소 육수를 붓고 뚜껑을 덮은 뒤 약불로 15분 정도 익힌다. 블렌더로 갈아준 다음 생크림을 넣는다. 농도가 너무 되면 채소 육수를 조금 첨가해 조절한다. 간을 맞춘다.

플레이팅 DRESSAGE
쪽파의 녹색 줄기를 끓는 물에 살짝 데친 뒤 찬물에 식힌다. 접시에 샬롯 퓌레를 띠 모양으로 짜 놓은 뒤 그 안에 양 육즙 소스를 채워준다. 데친 쪽파 줄기와 속을 채운 샬롯을 꽃모양처럼 보기 좋게 담아낸다. 마늘 꽃을 얹어 장식한다.

블러디메리 셀러리
CÉLERI BLOODY MARY

6인분

준비
2시간

조리
35분

냉장
2시간

도구
블렌더
착즙 주서기
지름 10cm, 높이 2cm 타르트 링
원뿔체
거품 국자
나뭇잎 모양 실리콘 스텐실 패드
커피 필터

재료

셀러리 젤리
셀러리 2줄기
한천 분말(agar-agar) 1g
판 젤라틴 5장

블러디메리
토마토 4개
케첩 10g
토마토 페이스트 10g
보드카
타바스코
판 젤라틴 6장
셀러리솔트
우스터 소스 10ml

튀일
녹인 버터 50g
밀가루 50g
달걀흰자 50g(약 2개분)
토마토 페이스트 5g

완성, 플레이팅
고수씨
엑스트라버진 올리브오일 20ml
셀러리 노란 속잎
훈제 파프리카 가루

셀러리 젤리와 스틱 GELÉE ET BÂTONNETS DE CÉLERI
셀러리를 씻어 껍질을 벗긴다. 셀러리 줄기 한 대를 작은 막대 모양으로 썬 다음 끓는 소금물에 데친다(p.90 테크닉 참조). 찬물에 식힌 뒤 건져둔다. 소금, 후추로 간한다. 나머지 한 대의 셀러리와 벗긴 껍질을 주서기에 착즙한다. 여기에 생수 500ml를 섞은 뒤 체에 걸러 셀러리 주스를 만든다. 한천 분말을 넣고 끓을 때까지 가열한다. 불에서 내린 뒤 미리 찬물에 불려두었던 젤라틴을 꼭 짜서 넣고 잘 섞는다. 넓은 그릇에 펼쳐 부은 뒤 냉장고에 1시간 동안 넣어 굳힌다. 작은 큐브 모양으로 자른다.

블러디메리 BLOODY MARY
토마토를 씻어 꼭지를 딴 다음 케첩, 토마토 페이스트, 보드카 200ml, 타바스코 10ml를 넣고 블렌더로 간다. 뜨겁게 데운 뒤 커피 필터를 깔아준 체에 넣고 스푼으로 꾹꾹 눌러가며 걸러준다. 체 위에 남은 과육 건더기는 따로 보관한다. 찬물에 불려둔 젤라틴을 꼭 짠 뒤 걸러낸 즙에 넣고 잘 섞어준다. 필요하면 살짝 다시 데우며 젤라틴을 완전히 녹여준다. 베이킹 팬이나 넓은 그릇에 펼쳐 부은 뒤 냉장고에 1시간 동안 넣어 굳힌다. 작은 큐브 모양으로 자른다. 따로 보관해 둔 토마토 과육 펄프에 블러디메리처럼 보드카, 셀러리솔트, 타바스코, 우스터 소스를 넣어 양념한다.

튀일 TUILE
볼에 재료를 모두 넣고 거품기로 혼합한다. 오븐팬에 나뭇잎 무늬 실리콘 스텐실 패드를 깔고 그 위에 반죽을 얇게 펴 바른다. 160℃ 오븐에 넣어 4~5분간 굽는다. 식힌 뒤 조심스럽게 튀일을 떼어낸다.

플레이팅 DRESSAGE
양념한 토마토 펄프를 지름 10cm 링 안에 채워 넣는다. 셀러리 스틱에 고수씨, 올리브오일, 셀러리솔트를 넣고 양념한다. 이것을 토마토 펄프 위에 올린 뒤 튀일을 한 장 얹어준다. 이어서 다시 셀러리 스틱을 올리고 마지막으로 튀일을 한 장 더 얹어준다. 두 가지 젤리를 교대로 빙 둘러 놓는다. 셀러리의 노란색 속잎을 얹은 뒤 훈제 파프리카를 뿌려 마무리한다.

뿌리 및
덩이줄기 채소

당근 케이크
CAKE À LA CAROTTE

6인분

준비
1시간 30분

조리
15분

냉장
1시간

도구
핸드믹서
사각 프레임(20 x 20cm, 높이 2cm)
착즙 주서기
감자 필러
지름 6cm 원형 커터
만돌린 슬라이서
스포이트(100ml)
짤주머니
아이스크림 메이커
체

재료

당근 케이크
밀가루 90g
베이킹파우더 13g
당근 320g
달걀 130g(약 2.5개분)
설탕 130g
소금(플뢰르 드 셀)
1꼬집
헤이즐넛 가루 190g
포도씨유 20ml
헤이즐넛 오일 100ml
구운 헤이즐넛(다진다)
75g
거품 낸 달걀흰자 60g
(2개분)

당근 콩피
자색 당근 1개
주황색 당근 1개
흰색 당근 1개

시럽
설탕 325g
물 325ml

**당근, 오렌지, 살구
소르베**
당근 620g
레몬즙 60ml
오렌지즙 345ml
냉동 살구 퓌레 100g
설탕 130g
안정제 6g

마스카르포네 크림
마스카르포네 75g
액상 생크림(유지방
35%) 300ml
설탕 50g
바닐라빈 1줄기

당근 젤리
당근즙 400ml
설탕 100g
한천 분말(agar-agar)
2.5g
판 젤라틴 3.5g

살구 쿨리
살구 퓌레 300g
설탕 20g
옥수수 전분 8g

완성, 플레이팅
줄기당근 잎 20장
식용 팬지 꽃잎 20장
마늘 꽃 20개

당근 케이크 CAKE À LA CAROTTE

밀가루와 베이킹파우더를 함께 체에 친다. 당근의 껍질을 벗긴 뒤 채칼이나 강판에 가늘게 간다. 볼에 달걀과 설탕을 넣고 핸드믹서 거품기로 섞어준다. 주걱으로 들어올렸을 때 띠 모양으로 흐르는 상태가 될 때까지 약 5분 정도 돌린 뒤 소금을 넣어준다. 여기에 헤이즐넛 가루, 두 가지 오일, 가늘게 간 당근, 다진 헤이즐넛을 넣어 섞는다. 이어서 거품 낸 달걀흰자를 넣고 주걱으로 살살 섞어준다. 혼합물을 사각 프레임 안에 1cm 두께로 채워 넣는다. 170℃ 오븐에 넣어 15분 정도 굽는다. 다 구워진 케이크 시트를 틀에서 분리한 뒤 식힘망 위에 올려 상온으로 식힌다. 쿠키커터를 이용해 지름 6cm 원형 6장을 잘라낸다.

당근 콩피 CAROTTES CONFITES

만돌린 슬라이서를 이용해 당근을 얇게 저민다. 냄비에 설탕과 물을 넣고 끓여 시럽을 만든다. 이 시럽을 3개의 소스팬에 각각 나누어 넣는다(각 200g). 세 종류의 당근을 각 냄비에 나누어 넣고 익힌 뒤 식힌다.

당근, 오렌지, 살구 소르베 SORBET CAROTTE ORANGE ABRICOT

당근의 껍질을 벗긴 뒤 주서기로 착즙한다. 당근즙과 레몬즙, 오렌지즙, 살구 퓌레를 섞는다. 혼합물을 따뜻하게 데운 뒤 설탕과 안정제를 넣어 녹인다. 식힌 다음 냉장고에 1시간 동안 넣어둔다. 아이스크림 메이커에 넣고 돌려 소르베를 만든다.

마스카르포네 크림 CRÈME MASCARPONE

전동 스탠드 믹서 볼에 마스카르포네, 액상 생크림, 설탕, 길게 갈라 긁은 바닐라 빈을 넣고 거품기로 돌려 휘핑한다. 혼합물을 짤주머니에 채워 넣는다.

당근 젤리 GELÉE DE CAROTTE

작은 소스팬에 당근즙, 설탕, 한천 분말을 넣고 끓인다. 불에서 내린 뒤 찬물에 불려둔 젤라틴을 꼭 짜서 넣어 섞는다. 넓은 오븐팬에 부어 펼쳐 놓은 뒤 냉장고에 넣어 굳힌다. 쿠키커터를 이용해 지름 6cm 원반형 6장을 잘라낸다.

살구 쿨리 COULIS D'ABRICOT

작은 소스팬에 살구 퓌레를 넣고 가열한 다음 설탕, 찬물 2테이블스푼에 미리 개어둔 옥수수 전분을 넣어준다. 계속 저어주며 원하는 농도가 될 때까지 끓인다. 냉장고에 넣어 식힌 뒤 스포이트에 채워 넣는다.

플레이팅 DRESSAGE

원형으로 자른 케이크 위에 각각 당근 젤리를 한 개씩 얹어준다. 그 위에 마스카르포네 크림을 넉넉히 짜 올린 뒤 당근 콩피 슬라이스를 보기 좋게 고루 얹어준다. 식용 꽃을 얹어 장식한다. 당근, 오렌지, 살구 소르베를 크넬 모양으로 떠서 곁들인 다음 줄기 잎을 꽂아 당근 모양으로 장식한다. 살구 쿨리를 스포이트로 몇 방울 짜 놓는다.

건초 향 감자 카르보나라

POMMES DE TERRE À LA CARBONARA AU FOIN

10인분

준비
1시간

마리네이드
1시간

조리
1시간

도구
원뿔체
카빙 포크
치즈 그레이터
회전형 채칼(spiralizer)

재료

달걀 절임
달걀노른자 10개
간장

감자 둥지
감자(Agria 품종) 큰 것 5개

양파
양파 뿌리 쪽(가로로 슬라이스한다) 10개
버터 10g
설탕 10g
소금 1꼬집

두부 스틱
훈제 두부 200g

건초 향 우리기
액상 생크림(유지방 35%) 600ml
건초 한 줌

완성, 플레이팅
파르메산 치즈 200g
차이브
그라인드 후추

달걀 절임 ŒUFS MARINÉS
서빙하기 1시간 전에 달걀노른자를 분리한 다음 간장에 담가 재운다.

감자 둥지 NID DE POMMES DE TERRE
감자의 껍질을 벗긴 뒤 회전형 채칼로 돌려 국수처럼 길고 가늘게 슬라이스한다. 물로 충분히 헹군 뒤 서빙 전까지 찬물에 담가 보관한다. 서빙하기 바로 전 카빙 포크를 사용해 감자 채를 돌돌 말아 10개의 둥지 모양을 만든다. 타공 오븐팬에 놓고 스팀 오븐에 넣어 3~4분간 살캉한 정도로 익힌다.

양파 OIGNONS
팬에 버터를 녹인다. 흰색 양파 뿌리 쪽 슬라이스를 넣고 뚜껑을 덮은 뒤 수분이 나오고 나른해지도록 익힌다. 반쯤 덮일 정도로 물을 넣고 설탕, 소금을 넣어준 뒤 뚜껑을 덮지 않은 상태로 익힌다. 수분이 졸아들 때까지 부드럽고 윤이 나게 익힌다.

두부 스틱 LARDONS DE TOFU
훈제 두부를 가는 막대 모양으로 썬 다음 기름을 두르지 않은 팬에 넣고 바삭하게 지진다.

건초 향 우리기 INFUSION AU FOIN
소스팬에 액상 생크림과 건초를 넣고 약불로 천천히 가열해 반으로 졸인다. 체에 거른다.

플레이팅 DRESSAGE
접시 바닥에 양파를 깔아준 다음 건초 향이 우러난 크림 소스를 넉넉히 부어준다. 그 위에 감자 둥지를 한 개씩 올린 뒤 간장에 절인 달걀노른자를 얹어준다. 후추를 한 바퀴 갈아 뿌린다. 두부 스틱을 몇 개 놓은 뒤 파르메산 치즈를 그레이터로 갈아 뿌려준다. 잘게 썬 차이브를 뿌려 완성한다.

감자 샤르트뢰즈, 숭어 타르타르, 시소 튀김

CHARTREUSE DE POMMES DE TERRE, TARTARE DE MULET NOIR
ET TEMPURA DE SHISO

6인분

준비
45분

조리
20분

도구
지름 6cm 원형
쿠키커터
휘핑 사이펀 + 가스
캡슐 2개
주방용 온도계
애플 코어러

재료

감자
감자 1kg
갑각류 해산물 육수
1리터
사프란 약간

숭어 타르타르
숭어 필레 500g
미소된장 30g
다진 생강 30g
차이브 1/2단
시소 잎 1장
유자즙 2티스푼
청주 티스푼
굴나물 잎(mertensia
maritima) 7장

요거트 유자 에스푸마
요거트 350g
판 젤라틴 2.5장
우유 50ml
액상 생크림
(유지방 35%) 100ml
유자즙 20ml
소금

시소 튀김
탄산수 200ml
달걀노른자 1개
밀가루 110g
옥수수 전분 60g
시소 잎 큰 것 6장
소금
낙화생유

완성, 플레이팅
차이브 1단
보리지 꽃 6송이
일본 시치미

감자 토마토 POMMES DE TERRE
감자의 껍질을 벗기고 씻은 뒤 애플 코어러를 사용해 가늘고 긴 원통형으로 잘라낸다. 사프란을 조금 넣은 갑각류 해산물 육수에 이 감자를 넣고 뚜껑을 덮은 상태로 약 10분간 약불로 천천히 익힌다. 칼끝으로 살짝 찔러 익었나 확인한 다음 건져서 식힌다.

숭어 타르타르 TARTARE DE MULET
생선 필레를 일정한 크기로 작게 깍둑 썬다. 미소된장, 다진 생강, 잘게 썬 차이브, 유자즙, 청주, 잘게 썬 굴나물을 혼합한다. 깍둑 썬 생선을 이 양념에 버무려 재운다. 냉장 보관한다.

유자 요거트 에스푸마 ESPUMA YAOURT ET YUZU
판 젤라틴을 찬물에 20분 정도 담가 부드럽게 불린다. 소스팬에 우유를 넣고 따뜻하게 데운 뒤 생크림, 요거트, 유자즙을 넣어준다. 간을 맞춘다. 젤라틴을 꼭 짜서 넣고 불에서 내린 뒤 잘 저어 녹인다. 혼합물을 휘핑 사이펀에 채워 넣고 가스 캡슐을 끼운다. 사용 전까지 냉장고에 넣어둔다.

시소 튀김 TEMPURA DE SHISO
볼에 밀가루, 달걀노른자, 탄산수를 넣고 섞는다. 시소 잎에 전분을 살짝 묻혀 수분이 제거되고 튀김옷이 더 잘 묻도록 해준다. 튀김옷을 입힌 시소를 180°C 튀김 기름에 넣고 몇 분간 튀긴다. 건져서 종이 타월에 놓고 여분의 기름을 뺀 다음 소금을 뿌린다. 뜨겁게 보관한다.

플레이팅 DRESSAGE
접시 위에 지름 6cm 쿠키커터 링을 놓고 원통형 감자를 내벽에 붙여 빙 둘러 세운 뒤 가운데 공간에 숭어 타르타르를 채워 넣는다. 링을 조심스럽게 뺀 다음 차이브를 띠처럼 둘러 묶어 형태를 유지한다. 숭어 타르타르 위에 보리지 꽃을 얹어 장식한다. 같은 방법으로 나머지 접시들 위에 감자 샤르트뢰즈 5개를 완성한다. 시소 잎 튀김을 한 개씩 놓는다. 휘핑 사이펀으로 유자 요거트 에스푸마를 조금 짜 놓고 시치미 가루를 뿌려 완성한다.

감자, 버섯, 모르비에 치즈 그라탱
GRATIN DE POMMES DE TERRE ET CHAMPIGNONS AU MORBIER

6인분

준비
30분

조리
1시간 30분

도구
만돌린 슬라이서
그라탱 용기
마이크로플레인 그레이터

재료
감자(charlotte 품종) 2kg
마늘 2톨
버터 100g
양송이버섯 300g
저지방 우유 300ml
액상 생크림(유지방 35%) 800ml
넛멕
모르비에(morbier) 치즈 400g
고운 소금
그라인드 후추

감자의 껍질을 벗긴 뒤 씻는다. 만돌린 슬라이서로 얇게 저민다. 다시 씻지 않는다.

마늘의 껍질을 벗긴 뒤 잘게 다진다(p.54 테크닉 참조). 그라탱 용기 안쪽에 버터 50g을 발라준 다음 다진 마늘을 고루 깔아준다.

양송이버섯을 재빨리 씻은(p.35 테크닉 참조) 뒤 얇게 썬다(p.55 테크닉 참조).

팬에 나머지 버터와 버섯을 넣고 센 불에서 볶는다. 망건지개로 버섯을 건져낸다.

그라탱 용기에 버섯과 감자를 교대로 켜켜이 깔아가며 채운다. 매 켜마다 소금, 후추로 간한다.

볼에 생크림과 우유를 넣는다. 넛멕을 그레이터로 조금 갈아 넣어준다. 이 혼합물을 그라탱에 부은 뒤 모르비에 치즈를 작게 떼어가며 고루 얹어준다. 160℃ 오븐에 넣어 1시간 30분간 익힌다. 칼끝으로 찔러 잘 익었는지 확인한다.

감자가 부드럽게 익고 생크림과 우유가 졸아들어야 한다. 또한 표면이 노릇하게 구워져야 한다.

쪽파와 이탈리안 파슬리를 넣은 매시포테이토

POMME PURÉE À LA CIVE ET PERSIL PLAT

6인분

준비
20분

조리
30분

도구
푸드밀
마이크로플레인 그레이터

재료
감자(bintje 품종) 2kg
버터 200g
액상 생크림(유지방 35%) 400ml
저지방 우유 300ml
넛멕
천일염
고운 소금

완성, 플레이팅
이탈리안 파슬리 1단
쪽파 1단
허브오일(선택)

감자의 껍질을 벗기고 씻은 뒤 반으로 자른다.

냄비에 감자를 넣고 찬물을 재료가 잠기도록 채운다. 천일염을 넉넉히 한 꼬집 넣는다. 끓을 때까지 센 불로 가열하고 표면에 뜨는 거품은 건져낸다. 불을 줄이고 감자가 부드럽게 익을 때까지 삶는다. 칼끝으로 찔러 익었는지 확인한다.

감자를 건져내고 수분을 최대한 날린 뒤 푸드밀에 넣고 돌려 갈아준다.

작게 잘라둔 버터를 넣고 섞는다. 따뜻하게 데운 생크림과 우유를 넣고 주걱으로 잘 섞어준다.

넛멕을 그레이터로 조금 갈아 넣은 뒤 소금, 후추로 간을 맞춘다.

플레이팅 DRESSAGE
이탈리안 파슬리와 쪽파를 씻어서 잘게 썬다. 서빙 용기에 감자 퓌레를 담고 파슬리와 쪽파를 뿌린다. 허브 오일을 몇 방울 뿌려 마무리한다.

셰프의 조언

감자를 삶을 때 너무 잘게 자르면 익으면서 지나치게
수분을 많이 흡수하여 퓌레가 찐득해질 수 있으니 주의한다.

퐁뇌프 감자 튀김, 피키요스 케첩
POMMES PONT-NEUF, KETCHUP PIQUILLOS

6인분

준비
25분

조리
40분

도구
블렌더
튀김기
강판
망 건지개
소테팬

재료
감자(bintje 품종) 큰 것 2kg
튀김 기름 2리터
에스플레트 고춧가루
소금(플뢰르 드 셀)

피키요스 케첩
마늘 1톨
생강 30g
갈색 설탕 200g
바뉠스(Banyuls) 와인 식초 250ml
피키요스 고추 병조림 500g

감자 POMMES DE TERRE
감자의 껍질을 벗긴 뒤 씻는다. 굵기 1.5cm, 길이 7cm 크기의 굵은 프렌치프라이 모양으로 썬다(p.79 테크닉 참조).

피키요스 케첩 KETCHUP DE PIQUILLOS
마늘의 껍질을 벗긴 뒤 반으로 잘라 속의 싹을 제거한다. 잘게 다진다(p.54 테크닉 참조). 생강의 껍질을 벗긴 뒤 강판에 간다. 소테팬에 갈색 설탕과 바뉠스 와인 식초를 넣고 가열해 가스트릭(gastrique) 소스를 만든다. 여기에 다진 마늘과 간 생강을 넣어준다. 피키요스 고추를 넣고 30분 정도 뭉근하게 익힌다. 덜어낸 다음 블렌더로 갈아준다. 간을 맞춘다(매운 정도와 단맛은 기호에 맞게 조절한다).

퐁뇌프 감자 튀김 CUISSON DES POMMES PONT-NEUF
냄비에 물을 끓인 뒤 썰어둔 감자를 넣고 데친다. 표면에 뜨는 전분은 거품국자로 걷어낸다. 감자를 망에 건져서 물을 털어낸 뒤 종이타월에 놓고 물기를 완전히 닦아 제거한다. 180°C로 예열한 기름에 감자를 넣고 노릇한 색이 나도록 튀긴다. 건져서 종이타월 위에 놓고 여분의 기름을 뺀다. 플뢰르 드 셀과 에스플레트 고춧가루를 뿌린다.

플레이팅 DRESSAGE
유산지를 깐 서빙 접시에 감자 튀김을 담고 피키요스 케첩은 소스 용기에 따로 담아 곁들여낸다.

셰프의 조언

이 케첩은 냉장고 넣어 며칠간 보관할 수 있다.

감자, 고구마 레이어드 파이
PATATES DOUCES FAÇON POMMES MOULÉES

6인분

준비
1시간 30분

조리
1시간

도구
지름 15cm 샤를로트 틀 2개
지름 4cm 원형 커터
지름 7cm 원형 커터
만돌린 슬라이서

재료

정제버터
가염버터 150g

감자, 고구마
감자(charlotte 품종) 2.5kg
주황색 고구마 큰 것 2개
톰(tomme) 또는 기타 반경성 치즈 250g
소금, 후추

정제버터 BEURRE CLARIFIÉ
작은 소스팬에 버터를 넣고 가열해 천천히 녹인다. 흰색 거품은 걷어내고 맑은 황색 부분만 분리해 사용한다. 바닥에 남은 흰색 유청은 남긴다.

감자, 고구마 PATATES
감자와 고구마를 씻어 껍질을 벗긴다. 만돌린 슬라이서를 이용해 5mm 두께로 저민다. 지름 7cm 원형 커터를 이용해 고구마 슬라이스를 동그랗게 한 장 찍어낸다(맨 윗층용). 나머지 고구마와 감자는 모두 지름 4cm 원형 커터를 이용해 동그랗게 찍어낸다. 소금을 넣지 않은 끓는 물에 감자와 고구마를 각각 따로 넣어 2~3분간 데쳐낸다. 이렇게 미리 데친 뒤 사용하면 전분이 빠져나오고 말랑말랑해져 파이 조립하기가 더욱 용이하다. 건져낸 뒤 찬물에 헹구지 않는다.

파이 조립하기 MONTAGE
오븐을 250℃로 예열한다. 샤를로트 틀 안쪽에 정제버터를 바른다. 감자와 고구마 슬라이스를 켜켜이 바꿔가며 빙 둘러 깔아준다. 매 켜마다 조금씩 겹쳐가며 둘러 쌓는 방향을 바꿔준다. 켜 사이사이에 정제버터를 붓으로 발라주고 소금, 후추 간을 넉넉히 한다. 매 층의 중앙에는 치즈를 가늘게 갈아 넣어준다. 한 켜를 깐 다음에는 다른 틀로 눌러주고 그 위에 다음 켜를 쌓아주어야 한다. 오븐 안에 미리 넣어 뜨거워진 오븐팬에 내용물을 채운 샤를로트 틀을 놓고 온도를 230℃로 낮춘다. 5분간 굽는다. 다시 온도를 200℃로 낮춘 뒤 표면이 충분히 노릇해질 때까지 20분간 더 굽는다. 알루미늄 포일로 덮어준 다음 다시 20분간 굽는다. 온도가 일정해지도록 몇 분간 휴지시킨 다음 틀에서 꺼낸다.

셰프의 조언

두 개의 샤를로트 틀 중 하나는 파이를 조립할 때 매 켜마다
눌러주는 용도로 사용된다. 여분의 틀이 없는 경우에는
틀의 지름과 비슷한 사이즈의 납작한 접시를 사용해 눌러주어도 된다.

아니스향 순무 라비올리, 올리브오일에 천천히 익힌 대구

RAVIOLES DE NAVET BLANC À L'ANIS ET CABILLAUD CONFIT À L'HUILE D'OLIVE

10인분

준비
1시간 30분

마리네이드
12시간

조리
1시간

도구
원형 커터(순무 라비올리 사이즈에 맞게 준비한다)
꽃모양 커터
거품기
만돌린 슬라이서
베이킹용 밀대
오븐용 탐침 온도계
체
애플 코어러

재료

레몬 양념
레몬 10개
굵은소금 10g
설탕 220g

대구
스테이크용 대구 순살(껍질 포함) 10조각
올리브오일 1.5리터

블랙커런트 버터
블랙커런트 퓌레 100g
상온의 포마드 버터 100g

라비올리, 가니시
긴 흰색 순무 1.2kg
액상 생크림(유지방 35%) 100ml
저지방 우유 400ml
버터 60g
아니스 가루 약간
수박무 6개
소금 1꼬집
설탕 5g
버터 10g
블랙커런트 50알

레몬 양념 CONDIMENT CITRON
레몬 한 개를 아주 얇게 슬라이스한다. 얕은 그릇에 레몬 슬라이스를 넣고 굵은소금을 뿌린 뒤 12시간 동안 냉장고에 넣어 재운다. 나머지 레몬은 칼로 속껍질까지 잘라 벗긴 다음 도톰하게 슬라이스한다. 냄비에 이 레몬과 설탕을 넣고 중불에서 20분간 끓인다. 건져낸 다음 레몬 과육을 체에 넣고 긁어내린다. 식힌다. 소금에 절인 레몬은 물로 헹군 뒤 잘게 썬다. 설탕에 졸여 체에 내린 레몬 과육과 섞어준다.

대구 CABILLAUD
오븐 용기에 올리브오일을 붓고 80℃로 예열한 오븐에 20분간 넣어둔다. 대구살 스테이크는 흐르는 물에 헹군 뒤 종이타월로 눌러 수분을 제거한다. 생선살을 오븐 안의 올리브오일에 잠기도록 한 켜로 놓는다. 탐침 온도계를 찔러 넣은 뒤 생선의 심부 온도가 51℃에 이를 때까지 오븐에서 천천히 익힌다. 생선살을 건져 따뜻하게 보관한다.

블랙커런트 버터 BEURRE DE CASSIS
상온에 두어 부드러워진 버터에 블랙커런트 퓌레를 넣고 거품기로 잘 섞어 에멀전화한다. 이 버터를 두 장의 유산지 사이에 넣고 밀대로 납작하게 밀어준다(두께 2~3mm). 냉동실에 넣어둔다.

라비올리, 가니시 GARNITURE
긴 무의 껍질을 벗긴 뒤 만돌린 슬라이서로 아주 얇게 밀어 60장을 준비한다. 이 무 슬라이스를 원형 커터로 동그랗게 찍어낸다. 남은 무 자투리, 생크림, 우유, 버터, 아니스를 냄비에 넣고 부드럽게 익힌 뒤 핸드 블렌더로 갈아 걸쭉한 무슬린 소를 만든다. 약불에 올려 나무주걱으로 몇 분간 세게 저으며 수분을 날린다. 동그랗게 자른 무 슬라이스를 100℃ 스팀 오븐 또는 찜기에 넣어 1분간 살짝 익힌다(p.92 테크닉 참조). 수분을 날린 무슬린 소를 무 슬라이스 위에 조금씩 떠 놓은 뒤 가장자리를 중앙으로 접어 봉해 라비올리를 만든다. 수박무의 껍질을 벗긴 뒤 애플 코어러를 이용해 6개의 작은 원통형으로 잘라낸다. 이것을 냄비에 넣고 물을 반쯤 잠기도록 붓는다. 설탕, 버터, 소금을 넣고 약불로 익힌다. 수분이 졸아들고 수박무에 윤기가 날 때까지 익히면 된다.

플레이팅 DRESSAGE
무늬 커터를 이용해 냉동한 블랙커런트 버터를 꽃모양으로 찍어낸 다음 서빙 접시에 2~3개씩 놓고 상온에 둔다. 각 접시에 대구살을 껍질이 위로 오도록 한 토막씩 놓고 원통형 수박무를 보기좋게 배치한다. 수박무 위에 순무 라비올리를 한 개씩 올린다. 블랙커런트를 몇 개 놓는다. 레몬 양념을 곁들여 서빙한다.

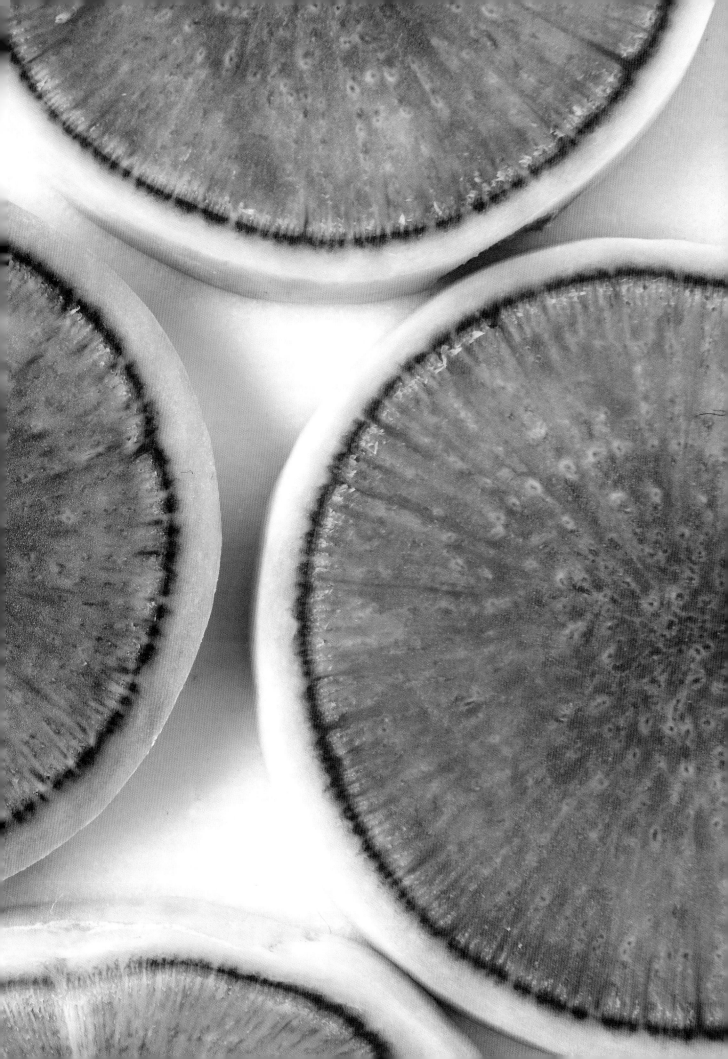

천일염, 래디시 잎 버터를 곁들인 핑크 래디시
RADIS ROSE, CROQUE-AU-SEL ET BEURRE DE FANES

6인분

준비
25분

조리
5분

도구
블렌더

재료

래디시
핑크 래디시 3단
천일염 10g

래디시 잎 버터
무염버터(깍둑 썰어 상온에 둔다) 150g
소금(플뢰르 드 셀)
그라인드 후추

핑크 래디시 RADIS ROSES
래디시의 잎을 떼어내고 뿌리 부분을 잘라낸다. 찬물에 씻는다.

래디시 잎 버터 BEURRE DE FANES
래디시 줄기 잎을 끓는 소금물에 데친다(p.99 테크닉 참조). 건져 식힌 뒤 꼭 짜 물기를 제거한다. 부드러워진 버터에 래디시 잎을 넣고 블렌더로 갈아 혼합한다. 소금, 후추로 간한다. 초승달 모양 요철 깍지(shell tip)를 끼운 짤주머니에 채워 넣는다. 짜기 좋을 정도로 굳을 때까지 냉장고에 넣어둔다.

플레이팅 DRESSAGE
작은 볼에 래디시 잎 버터를 나선형으로 빙 둘러 짜 넣는다. 플뢰르 드 셀을 따로 담아 옆에 곁들인다. 래디시에 칼집을 내어 찬물에 담가 벌어지게 한 다음 건져 작은 냅킨 또는 접시에 담아 서빙한다.

래디시 피클
PICKLES DE RADIS MULTICOLORES

6인분

준비
45분

조리
10분

숙성
3일

도구
밀폐 유리병(1리터 용량)

재료
다양한 색의 래디시 2단

피클 절임액
애플사이더 식초 500ml
설탕 150g
고수씨 10g
검은 통후추 10g
정향 6개
월계수 잎 2장
생타임 1/4단
생강 50g
주니퍼베리 5g
마늘 5톨
커민씨 5g

래디시 RADIS
래디시의 줄기와 뿌리를 잘라 다듬은 뒤 씻는다. 반으로 잘라 밀폐 유리병 안에 너무 빽빽하지 않게 담는다.

피클 절임액 SAUMURE
냄비에 식초, 설탕, 고수씨, 통후추, 월계수 잎, 타임, 껍질을 벗긴 생강, 주니퍼베리, 껍질을 벗긴 마늘, 커민씨를 모두 넣고 잘 저어가며 천천히 가열한다. 5분간 끓인다. 불에서 내린 뒤 식힌다.

병입하기 DRESSAGE
피클 절임액을 재료가 잠기도록 병에 붓는다. 병 뚜껑을 단단히 덮은 뒤 거꾸로 놓아 공기를 뺀다. 3일간 숙성시킨 뒤 먹는다.

셰프의 조언

이 피클은 샤퀴트리 또는 훈제 음식에 곁들이면 아주 좋다.

셀러리악 탈리아텔레를 곁들인 송아지 정강이 찜

TAGLIATELLES DE CÉLERI ET SON JARRET DE VEAU

10인분

준비
1시간

마리네이드
하룻밤

조리
1시간 30분

도구
호두까기
절구
회전형 슬라이서
카빙 포크

재료

호두 송로버섯 양념
호두 20개
송로버섯 즙(jus de truffe) 30ml
포도씨유 60ml
오래 숙성된 레드와인 식초

셀러리악 탈리아텔레
셀러리악 1개
더블크림 400ml
가늘게 간 파르메산 치즈
잘게 썬 송로버섯 병조림(brisures de truffe) 20g
차이브(잘게 썬다) 1단
바삭하게 튀긴 크루통 100g

송아지 정강이
송아지 뒷다리 정강이 2개
브라운버터
타임
송로버섯 즙 50ml
송아지 육즙 소스 500ml

호두 송로버섯 양념 CONDIMENT NOIX TRUFFES
호두의 껍질을 깐다. 호두 살과 송로버섯 즙을 절구에 넣고 빻아 페이스트를 만든다. 기름을 조금씩 넣으며 휘저어 섞는다. 와인 식초를 한 바퀴 둘러 넣는다. 소금, 후추로 간을 맞춘다.

셀러리악 탈리아텔레 TAGLIATELLES DE CÉLERI
셀러리악의 껍질을 벗긴 뒤 스파이럴 회전형 슬라이서를 이용해 넓적한 국수 모양으로 잘라낸다. 레몬즙을 넣은 물에 담가둔다. 냄비에 더블크림을 넣고 졸인다. 여기에 파르메산 치즈를 넣어 걸쭉하게 만든 뒤 잘게 썬 송로버섯을 넣어 향을 낸다. 탈리아텔레 국수처럼 뽑아낸 셀러리악을 100℃ 스팀 오븐에 넣어 4분간 익힌 뒤 송로버섯 크림 소스에 넣어 버무린다. 카빙포크로 돌돌 말아 둥지 모양으로 만든다.

송아지 정강이 JARRETS
하루 전, 양념 재료를 모두 넣고 송아지 정강이를 재워둔다. 다음 날 송아지 정강이와 양념을 모두 파피요트로 싼 다음 160℃ 오븐에 넣어 1시간 30분간 익힌다.

플레이팅 DRESSAGE
접시에 송아지 정강이 한 조각을 놓고 그 옆에 셀러리악 탈리아텔레를 소복하게 담는다. 가늘게 간 파르메산 치즈, 잘게 썬 차이브, 크루통을 셀러리악 위에 뿌린다. 호두 송로버섯 양념과 송아지 정강이 소스를 곁들인다.

파스닙 크렘 브륄레
CRÈME BRÛLÉE AUX PANAIS

6인분

준비
1시간

조리
1시간 30분

냉동
1시간

도구
지름 5cm, 높이 4cm
스텐 무스링 6개
지름 5cm, 높이 1cm
나선형 실리콘 틀 6개
푸드밀
주방용 토치
원뿔체
거품국자
거품기
핸드 블렌더
벌집 무늬 실리콘 패드
주방용 온도계

재료

파스닙 크렘 브륄레
액상 생크림
(유지방 35%) 400ml
파스닙 퓌레 100g
달걀노른자 8개분
설탕 20g
헤이즐넛 오일 25ml
황설탕 25g
소금

프랄리네 크렘 앙글레즈
달걀노른자 6개분
설탕 80g
저지방 우유 500ml
프랄리네 스프레드
2테이블스푼

튀일
설탕 35g
상온의 부드러운 버터
35g
달걀흰자 1개분
밀가루 35g
노랑색 식용색소 분말
칼끝으로 아주 조금
(선택)

완성, 플레이팅
크렘 파티시에(선택)
사과(Granny Smith)
1개
캐러멜라이즈드
헤이즐넛 18개
식용 금박

파스닙 크렘 브륄레 CRÈME BRÛLÉE AUX PANAIS
파스닙의 껍질을 벗긴 뒤 작게 썬다. 소금을 넣은 끓는 물에 파스닙을 넣어 삶는다(p.90 테크닉 참조). 건져서 푸드밀에 넣고 돌려 갈아준다. 냄비에 생크림을 넣고 끓을 때까지 가열한다. 볼에 달걀노른자와 설탕을 넣고 뽀얀 색이 날 때까지 거품기로 저어 섞는다. 여기에 뜨거운 생크림을 조심스럽게 부으며 거품기로 계속 저어 섞는다. 파스닙 퓌레를 넣어준 다음 핸드 블렌더로 갈아 혼합한다. 소금과 에스플레트 고춧가루로 간한다. 나선형 실리콘 틀 바닥에 조금 부은 뒤 80°C 오븐에 20분간 넣어 익힌다. 식힌 뒤 냉동실에 1시간 동안 넣어둔다. 이렇게 하면 틀에서 분리하기 쉽다. 오븐팬에 유산지를 깔고 무스링들을 배치한다. 나머지 혼합물을 이 무스링 안에 3cm 높이로 채워 넣는다. 랩을 씌운 뒤 80°C 오븐에 넣어 크림 혼합물이 굳을 때까지 약 45분간 익힌다. 식힌 뒤 나선형으로 굳힌 크림을 얹어준다.

프랄리네 크렘 앙글레즈 CRÈME ANGLAISE PRALINÉ
볼에 달걀노른자와 설탕을 넣고 뽀얀 색이 날 때까지 거품기로 저어 섞는다. 냄비에 우유와 프랄리네 페이스트를 넣고 끓을 때까지 가열한다. 잘 저어 섞어준다. 노른자, 설탕 혼합물에 뜨거운 우유의 일부를 조심스럽게 부으며 거품기로 계속 저어 섞는다. 다시 냄비로 옮겨 담고 불에 올린다. 주걱으로 계속 저어가며 약불로 85°C까지 가열해 익힌다. 주걱을 들었을 때 묽게 흘러내리지 않고 묻는 농도가 되면 적당하다. 모두 원뿔체에 거른 뒤 용기에 담는다. 랩을 밀착시켜 덮은 뒤 냉장고에 넣어 식힌다.

튀일 TUILE
볼에 재료를 모두 넣고 거품기로 저어 매끈하게 혼합한다. 벌집 무늬 실리콘 패드 위에 혼합물을 얇게 펼쳐 놓은 뒤 160°C 오븐에 넣어 6분간 굽는다. 실리콘 패드에서 조심스럽게 떼어낸 뒤 2~3cm x 16cm 크기의 띠 모양으로 자른다. 오븐에 다시 넣어 3분간 더 굽는다. 오븐에서 꺼내자마자 바로 지름 5cm 무스링 둘레에 감아 둥글게 굳힌다.

플레이팅 DRESSAGE
나선형 크렘 브륄레 위에 황설탕을 솔솔 뿌린 뒤 코치로 살짝 그슬려 재빨리 캐러멜라이즈 해준다. 우묵한 접시에 크렘 브륄레를 놓고 원형 튀일을 둘러준다. 사과의 껍질을 벗기고 속을 제거한 뒤 성냥 모양으로 가늘게 썬다. 프랄린 크렘 앙글레즈를 둘레에 넉넉히 뿌리고 크렘 파티시에를 가장자리에 테두리처럼 짜 둘러준다. 헤이즐넛을 몇 개 얹는다. 크렘 브륄레 위에 사과를 얹고 식용 금박으로 장식한다.

루타바가 슈크루트
CHOUCROUTE DE RUTABAGA

6인분

준비
20분

조리
20분

도구
회전형 슬라이서
소테팬

재료
루타바가(스웨덴 순무) 8개
스위트 양파 3개
흰색 닭 육수 300ml
거위 기름 또는 오리 기름 60ml
알자스산 드라이 화이트와인 300ml
주니퍼베리 10알
정향 1개
생타임 2줄기
생월계수 잎 1장
마늘 1톨
설탕 1꼬집
소금, 후추

양파와 루타바가 순무의 껍질을 벗긴다. 양파는 얇게 썬다(p.55 테크닉 참조).

회전형 슬라이서를 이용해 순무를 폭 2cm, 길이 15cm 정도 사이즈로 얇게 슬라이스한다.

소테팬에 양파, 거위 기름 분량의 반을 넣고 색이 나지 않게 찌듯이 볶는다. 양파가 완전히 익으면 화이트와인을 넣어 디글레이즈 한다. 와인이 졸아들면 닭 육수를 붓고 약 10분 정도 뭉근히 끓인다.

소테팬에 띠 모양의 순무 슬라이스와 나머지 분량의 거위 기름, 향신료, 허브, 껍질을 까지 않은 마늘 한 톨을 넣고 뚜껑을 닫아 익힌다. 설탕을 한 꼬집 넣고 소금, 후추로 간한다.

익힌 양파를 첨가한 뒤 10분간 뭉근하게 익힌다.

플레이팅 DRESSAGE
큰 포크로 순무 슈크루트를 말아 접시에 보기 좋게 담는다. 익히고 남은 국물을 뿌려준다. 생타임을 조금 얹어 장식한다.

비트 샐러드와 트러플 비네그레트

SALADE DE BETTERAVES CRUES ET CUITES, VINAIGRETTE TRUFFÉE

10인분

준비
2시간

조리
2시간

도구
실리콘 패드 2장
지름 14cm 타르트 링
지름 3cm 원형
쿠키커터
핸드 블렌더
주방용 붓
체

재료
노랑 비트 2개
올리브오일 50ml
마늘 1톨(껍질 포함)
타임 1줄기
미니 키오자 비트 1개
줄기 달린 미니 비트
10개
설탕 30g
버터 25g
소금(플뢰르 드 셀)
그라인드 후추

브레드 칩
식빵 슬라이스
버터 20g

가니시 부재료
녹색 근대 잎 40장
비트 잎 40장
유기농 달걀 4개
메추리알 10개
차이브 1단
알감자 15개

트러플 비네그레트
소금 2g
후추 1g
셰리와인 식초 20ml
레드와인 식초 10ml
송로버섯 즙 25g
낙화생유 150ml
잘게 썬 송로버섯
병조림 3테이블스푼

완성, 플레이팅
브레드 칩 10장
얇게 저민 송로버섯
(선택)

비트 BETTERAVES
노랑 비트와 마늘, 타임, 올리브오일을 모두 유산지로 싸서 파피요트처럼 잘 밀봉한다. 180℃ 오븐에 넣어 1시간 동안 익힌다. 비트가 익으면 껍질을 벗긴 뒤 사방 2cm 크기로 깍둑 썬다. 키오자 비트는 얇게 썬 다음 원형 커터를 이용해 지름 3cm 크기로 동그랗게 찍어낸다. 얼음물에 담가 둔다. 소테팬에 미니 비트와 설탕, 버터, 소금, 후추를 넣고 물을 재료 높이의 반쯤 붓는다. 뚜껑을 덮고 약불로 가열한다. 수분이 졸아들고 비트에 윤기가 나도록 익힌다.

브레드 칩 CHIPS DE PAIN DE MIE
식빵을 얇게(두께 5mm) 썬 다음 원형 커터를 이용해 지름 3cm 크기로 동그랗게 찍어낸다. 녹인 버터를 바른 뒤 두 장의 실리콘 패드 사이에 한 켜로 놓고 170℃ 오븐에 넣어 노릇해질 때까지 몇 분간 굽는다.

가니시 부재료 GARNITURE
근대와 비트 어린 잎을 씻어 채소 탈수기로 물기를 뺀다. 달걀을 10분간 삶는다. 삶은 달걀의 껍질을 까 체에 곱게 내린다. 메추리알은 한 개씩 팬에 프라이한다. 차이브를 잘게 썬다(p.56 테크닉 참조). 알감자를 갸름하게 모양내어 돌려 깎은(p.78 테크닉 참조) 뒤 소금을 넣은 물에 삶는다(p.90 테크닉 참조).

트러플 비네그레트 VINAIGRETTE À LA TRUFFE
볼에 송로버섯을 제외한 재료를 모두 넣고 핸드 블렌더로 갈아 혼합한다. 서빙 바로 전에 송로버섯을 첨가한다. 이 비네그레트 소스와 비트를 모두 고루 섞어준다.

플레이팅 DRESSAGE
접시에 타르트 링을 놓고 체에 내린 달걀과 잘게 썬 차이브를 깔아 채운다. 링을 제거한 뒤 비네그레트로 드레싱한 비트를 얹고 메추리알 프라이, 감자, 브레드 칩, 송로버섯 슬라이스를 보기 좋게 고루 담아준다. 후추를 갈아 뿌리고 플뢰르 드 셀을 조금 뿌린다. 남은 비네그레트 소스를 한 바퀴 빙 둘러준다.

카다멈 향 비트와 훈제 민물 농어

BETTERAVE À LA CARDAMOME ET SANDRE FUMÉ MINUTE

10인분

준비
2시간

마리네이드
36시간

조리
1시간

도구
원뿔체
돔 모양 뚜껑
원형 커터(비트 사이즈에 알맞은 것으로 선택)
거품기
만돌린 슬라이서

재료

그라블락스
민물 농어(sandre) 필레 1/2개(1kg)
고운 소금 400g
굵은소금 400g
설탕 400g
비트즙 300ml
카다멈 10알

비트 슬라이스
생비트(얇게 저며 동그랗게 잘라낸다) 2개
올드 와인 식초 100ml
셰리와인 식초 100ml
카다멈
올리브오일

미니 비트
다양한 색깔의 미니 비트 1다발
마늘 2톨
타임 2줄기
올리브오일

완성, 플레이팅
더블크림(crème d'Isigny)
적색 시금치 잎(arroche rouge)
적색 옥살리스 잎
건초

그라블락스 GRAVLAX

두 단계로 나누어 진행한다. 우선 첫날 밤, 넓은 접시에 생선 필레를 놓는다. 두 가지 소금과 설탕을 혼합한 뒤 생선 필레에 덮어준다. 랩으로 씌운 다음 냉장고에 하룻밤 넣어 재운다. 다음 날 아침, 생선 필레를 꺼내 흐르는 물에 헹궈 소금과 설탕을 제거한다. 종이타월 위에 놓고 12시간 동안 냉장고에 넣어 수분을 제거한다. 카다멈 열매를 살짝 부순 뒤 비트즙에 넣어 섞는다. 생선 필레를 다시 접시에 놓고 카다멈과 비트즙을 끼얹어준다. 냉장고에 넣어 하룻밤 재운다.

비트 슬라이스 DISQUES DE BETTERAVE

비트의 껍질을 벗긴 뒤 만돌린 슬라이서로 얇게 썬다. 원형 커터를 이용해 동그란 모양으로 잘라낸다. 볼에 두 종류의 식초를 섞은 뒤 비트 슬라이스를 담가 하룻밤 재운다. 다음 날 비트를 건져내고 식초 절임액은 따로 보관한다. 카다멈 몇 알을 살짝 부순다. 비트를 절이고 남은 액을 소스팬에 넣고 여기에 카다멈을 넣어준다. 약불로 살짝 졸인다. 체에 거른 다음 올리브오일을 가늘게 넣어가며 거품기로 휘저어 섞어 비네그레트 소스를 만든다.

미니 비트 MINI BETTERAVES

만돌린 슬라이서로 미니 비트를 얇게 저며 몇 장을 준비한다. 얼음물에 담가둔다. 나머지 미니 비트는 껍질을 벗긴 마늘, 타임, 약간의 올리브오일과 함께 유산지로 싸 파피요트를 만든다. 180℃ 오븐에 넣어 비트가 완전히 익을 때까지 약 45분 정도 익힌다.

플레이팅 DRESSAGE

원형으로 자른 비트 슬라이스를 콘 모양으로 말아준 뒤 안쪽에 더블크림을 조금씩 채워 넣는다. 그라블락스 생선을 얇게 저며 오븐에 구운 미니 비트와 함께 보기 좋게 담는다. 적색 시금치 잎과 옥살리스, 얇게 저며둔 생비트 슬라이스를 얹어 마무리한다. 서빙하기 바로 전 건초를 태운 뒤 그 연기가 서빙 접시에 스며들도록 돔 모양 뚜껑으로 덮어 훈연해준다.

브레드 셸에 채운 돼지감자 리소토
RISOTTO DE TOPINAMBOUR EN COQUE DE PAIN

6인분

준비
1시간

조리
30분

도구
만돌린 슬라이서
핸드 블렌더
베이킹용 밀대 또는 스텐 파이프

재료

브레드 셸
식빵 슬라이스 6장
정제버터 100g

돼지감자 리소토
돼지감자 6개
버터 60g
잘게 썬 샬롯 1개분
흰색 닭 육수 400ml
파르메산 치즈 80g
버터 40g
차이브 1/4단
소금, 후추

돼지감자 퓌레
돼지감자 퓌레 200g
버터 50g
휘핑한 생크림 50ml
소금, 후추

돼지감자 칩
돼지감자 1개
튀김 기름

완성, 플레이팅
판체타 슬라이스 6장
그린 옥살리스잎 20g
시트로넬라 제라늄 꽃과 잎 6개

브레드 셸 COQUES DE PAIN
식빵을 두께 2mm, 10 x 15cm 크기로 잘라내 6장을 준비한다. 이 식빵 슬라이스에 정제버터를 바른 뒤 베이킹용 밀대나 비슷한 굵기의 쇠 파이프 위에 길이로 놓고 알루미늄 포일로 감싸준다. 160°C 오븐에서 20분간 굽는다. 조심스럽게 파이프에서 떼어낸다.

돼지감자 리소토 RISOTTO DE TOPINAMBOUR
돼지감자의 껍질을 벗기고 씻은 뒤 브뤼누아즈로 작게 썬다(p.60 테크닉 참조). 소테팬에 버터를 두른 뒤 샬롯을 넣고 색이 나지 않게 볶는다. 여기에 잘게 썬 돼지감자를 넣고 함께 볶아준다. 닭 육수를 조금씩 넣고 잘 저어가며 수분이 증발하도록 졸인다. 돼지감자가 익을 때까지 이 과정을 반복한다. 파르메산 치즈와 버터를 넣어 걸쭉하게 섞은 다음 잘게 썬 차이브를 넣어준다. 간을 맞춘다. 오목한 모양으로 구워진 식빵 셸 안에 돼지감자 리소토를 채워 넣고 100°C 오븐에 넣어 따뜻하게 유지한다.

돼지감자 퓌레 PURÉE DE TOPINAMBOURS
익힌 돼지감자를 으깬 뒤 버터를 넣고 핸드 블렌더로 매끈해지도록 갈아 혼합한다. 소금, 후추로 간을 한다. 너무 단단하지 않게 휘핑한 크림을 넣고 주걱으로 살살 섞어준다.

돼지감자 칩 CHIPS DE TOPINAMBOURS
돼지감자의 껍질을 벗겨 씻은 뒤 만돌린 슬라이서로 얇게 썬다. 종이타월로 닦아 물기를 제거한다. 130°C로 예열한 튀김 기름에 소량씩 넣어 노릇하고 바삭하게 튀긴다. 종이타월 위에 놓아 여분의 기름을 제거한다.

플레이팅 DRESSAGE
돼지감자 리소토를 채운 브레드 셸을 오븐에서 꺼낸 뒤 오븐 온도를 160°C로 올린다. 오븐팬에 유산지를 깐 다음 판체타를 한 켜로 놓고 다시 유산지를 한 장 덮어준다. 그 위에 오븐팬을 다시 한 장 올린 뒤 160°C 오븐에 넣어 8분간 굽는다. 접시 중앙에 돼지감자 퓌레를 조금 깔고 리소토를 채운 브레드 셸을 놓는다. 돼지감자 칩과 판체타를 올린 뒤 장식용 잎을 얹어 마무리한다.

아몬드를 곁들인 샐서피와 크리스피 송아지 흉선

SALSIFIS ET RIS DE VEAU CROUSTILLANT AUX AMANDES

10인분

준비
2시간

조리
2시간

도구
망국자
핸드 블렌더
치즈 그레이터

재료
송아지 흉선(각 180g) 10조각
화이트 식초 150ml
버터 50g

아몬드
통아몬드 150g
버터 150g

튀김옷
밀가루
달걀 4개
빵가루 400g
아몬드 가루 100g
가늘게 간 파르메산 치즈 100g

샐서피
샐서피 1.5kg
닭 육수 400ml
버터 300g
올리브오일
액상 생크림(유지방 35%) 150ml
튀김 기름

샬롯
회색 샬롯 작은 것 10개
설탕 10g
버터 10g
소금 1꼬집

완성, 플레이팅
말린 펜넬로 향을 낸 송아지 육즙 소스

송아지 흉선 RIS DE VEAU

식초를 넣은 찬물에 송아지 흉선을 1시간 정도 담가놓는다. 건져서 냄비에 넣고 깨끗한 찬물을 새로 붓는다. 끓을 때까지 가열한다. 거품이 올라오면 건져내고 2분 정도 약하게 끓인다. 송아지 흉선을 건져낸 뒤 뜨거울 때 껍질을 벗기고 기름과 힘줄도 제거한다. 이때 흉선 살이 찢어지지 않도록 주의한다. 종이타월로 수분을 제거한 뒤 접시에 놓고 무거운 것으로 눌러 냉장고에 보관한다. 튀김옷을 준비한다. 밀가루를 볼에 담아 준비한다. 다른 볼에 달걀을 풀어준다. 세 번째 그릇에 빵가루와 아몬드 가루, 가늘게 간 치즈를 섞어준다. 송아지 흉선을 밀가루, 달걀, 빵가루 혼합물에 순서대로 묻힌다(p.100 테크닉 참조). 팬에 버터를 녹인 뒤 흉선을 튀기듯 지진다.

아몬드 AMANDES

냄비에 버터와 아몬드를 넣고 갈색이 날 때까지 볶아준다. 아몬드를 망국자로 건져낸다. 남은 버터는 소스용으로 따로 보관한다.

샐서피 SALSIFIS

샐서피를 솔로 문질러 씻은 뒤 껍질을 벗긴다. 한 개는 따로 남겨두고 나머지는 모두 8cm 길이로 어슷하게 썬다(p.64 테크닉 참조). 자투리는 따로 보관한다. 냄비에 닭 육수를 넣고 데운다. 소테팬에 버터와 올리브오일을 넣고 녹인다. 버터에 거품이 일기 시작하면 샐서피를 넣고 약 5분간 찌듯이 익힌다. 여기에 뜨거운 닭 육수를 넣고 20분간 더 익힌다. 칼끝으로 찔러 샐서피가 익었는지 확인한다. 소금, 후추로 간한다. 다른 냄비에 샐서피 자투리와 생크림을 넣고 중불로 끓인다. 어느 정도 졸아들면 핸드 블렌더로 갈아 부드럽고 가벼운 무슬린 농도로 만든다. 따로 남겨두었던 샐서피 1대는 얇은 띠 모양으로 썰어 노릇하고 바삭하게 기름에 튀긴다. 플레이팅용으로 몇 개를 남겨둔 다음 굵직한 가루로 부순다.

샬롯 ÉCHALOTES

소테팬에 샬롯을 넣고 반쯤 잠길 정도로 물을 붓는다. 설탕, 버터, 소금을 넣는다. 끓기 시작하면 불을 줄인 뒤 국물이 졸아들고 샬롯이 캐러멜라이즈 되도록 익힌다. 마지막에 물을 아주 소량 넣어 더 이상 익는 것을 중지시킨다.

송아지 육즙 소스 JUS DE VEAU AU FENOUIL

작은 소스팬에 펜넬 향 송아지 육즙 소스를 넣고 중불에 올린다. 아몬드를 익히고 남은 버터를 조금씩 넣으며 거품기로 잘 저어 섞는다.

플레이팅 DRESSAGE

서빙 바로 전, 어슷 썰어 익힌 샐서피를 무슬린 샐서피 크림에 담갔다 뺀 다음 튀긴 샐서피 부스러기에 굴려 묻힌다. 접시에 송아지 흉선과 샐서피를 담는다. 튀긴 샐서피 칩을 얹고 캐러멜라이즈한 샬롯과 아몬드를 보기 좋게 곁들인다. 송아지 육즙 버터 소스를 둘러준다.

트러플 소스에 구운 결절뿌리 처빌

CERFEUILS TUBÉREUX RÔTIS AU JUS TRUFFÉ

6인분

준비
30분

조리
20분

도구
거품기
체망
초록 수세미
나뭇잎 모양 실리콘 패드

재료

결절뿌리 처빌
결절뿌리 처빌 1kg
레몬 1개
버터 150g
갈색 닭 육즙 소스(치킨그레이비) 200ml
잘게 다진 송로버섯 100g
소금, 후추

나뭇잎 모양 튀일
밀가루 50g
녹인 버터 50g
달걀흰자 50g
훈제 파프리카 가루

완성, 플레이팅
처빌 1단
셀러리 한 다발(노란 잎, 속대)
액상 생크림(유지방 35%) 20ml

결절뿌리 처빌 CERFEUILS TUBÉREUX
뿌리 처빌의 껍질을 벗긴 뒤 깨끗한 수세미로 문질러 울퉁불퉁한 모양을 매끈하게 다듬어준다. 레몬즙을 살짝 뿌려 갈변을 막는다. 팬에 버터 140g을 녹여 갈색이 나기 시작하면 뿌리 처빌을 넣고 노릇하게 10분 정도 지진다. 소금, 후추로 간을 한 뒤 종이타월 위에 건져놓는다. 뿌리처빌을 지진 팬에 닭 육즙 소스(jus de volaille)를 넣고 약불로 가열한다. 잘게 다진 송로버섯을 넣고 나머지 버터 10g을 넣은 뒤 뿌리 처빌을 다시 넣어 윤기나게 익힌다.

나뭇잎 모양 튀일 DENTELLE DE FEUILLE
볼에 재료를 모두 넣고 거품기로 잘 섞는다. 오븐팬 위에 나뭇잎 모양 실리콘 패드를 놓고 반죽 혼합물을 스패출러로 고르게 펴 바른다. 160℃ 오븐에 넣어 6분간 굽는다. 어느 정도 식으면 나뭇잎 모양 튀일을 조심스럽게 떼어낸다.

플레이팅 DRESSAGE
접시에 뿌리 처빌을 얼기설기 보기 좋게 담는다. 처빌 잎과 셀러리 노란 속잎을 잘게 잘라 고루 얹는다. 휘핑한 생크림을 조금씩 뿌린 뒤 바삭한 잎사귀 튀일을 올려 완성한다.

슈페츨레와 밤을 곁들인 초석잠 프리카세

FRICASSÉE DE CROSNES, SPÄTZLE ET CHÂTAIGNES

6인분

준비
30분

조리
1시간 10분

도구
원뿔체
거품국자
체망
슈페츨레 메이커

재료

슈페츨레
밀가루 200g
달걀 3개
저지방 우유 40ml
프로마주 블랑 50g
소금 5g
강판에 간 넛멕 가루 5g
버터(조리용) 60g

초석잠 프리카세
초석잠(퉁퉁마디) 400g
흰색 닭 육수 500ml
마늘 2톨

밤
밤 200g

닭 육즙 소스
닭 날개 500g
샬롯 200g
양파 2개
간장 60ml
타임 2줄기
타라곤 1단

완성, 플레이팅
버터 80g
마늘 1톨
다진 파슬리 1테이블스푼

슈페츨레 SPÄTZLE
버터를 제외한 모든 재료를 믹싱볼에 넣고 주걱으로 섞어 매끈하고 균일한 반죽을 만든다. 냄비에 물을 약하게 끓인다. 소금을 조금 넣어준다. 그 위에 굵은 강판처럼 생긴 슈페츨레 메이커를 걸쳐놓고 슬라이딩 디스펜서 안에 반죽을 넣는다. 앞뒤로 밀어가며 구멍을 통해 반죽이 올갱이 국수처럼 조금씩 냄비 안에 떨어지게 한다. 국수가 익어 떠오를 때까지 끓는 물에 4~5분간 삶는다. 망국자로 슈페츨레 파스타를 건져 얼음물에 잠깐 담가 식힌다. 건져낸 슈페츨레를 버터와 함께 팬에 넣고 노릇한 색이 나면서 살짝 부풀도록 몇 분간 볶아준다.

초석잠 프리카세 FRICASSÉE DE CROSNES
초석잠의 양끝을 잘라 다듬은 뒤 흐르는 물에 헹궈준다. 냄비에 닭 육수를 넣고 끓인 뒤 초석잠과 껍질을 깐 마늘을 넣어준다. 약하게 끓는 상태를 유지하며 약 10분간 익힌다. 초석잠이 약간 살캉살캉한 식감을 유지하도록 삶은 뒤 건져낸다. 초석잠과 마늘을 건져내고 마늘은 퓌레처럼 으깨준다. 서빙 바로 전, 팬에 약간의 버터, 으깬 마늘, 잘게 다진 파슬리와 함께 초석잠을 넣고 한 번 볶아준다.

밤 CHÂTAIGNES
밤 껍질의 밝은색 부분에 칼끝으로 길게 칼집을 내준다. 냄비에 넉넉한 양의 찬물과 밤을 넣고 가열한다. 3분간 끓인 뒤 건져내 찬물에 헹군다. 손가락으로 살짝 누르면 껍데기와 속껍질까지 잘 벗겨진다. 팬에 버터를 녹이고 거품이 일기 시작하면 밤을 넣어 볶아준다.

닭 육즙 소스 JUS DE VOLAILLE
오븐을 180℃로 예열한다. 로스팅 팬에 닭 날개를 한 켜로 놓고 오븐에 넣어 약 20분간 노릇한 색이 나게 굽는다. 냄비에 올리브오일을 두른 뒤 얇게 썬 샬롯과 양파를 넣고 색이 나지 않게 볶는다. 여기에 구운 닭날개를 넣고 함께 섞으며 볶는다. 모두 체에 걸러 기름을 뺀다. 재료를 다시 냄비에 담고 간장을 넣어 디글레이즈 한다. 타임을 넣고 찬물을 재료 높이까지 붓는다. 약하게 끓는 상태를 유지하며 20분 정도 끓인다. 중간중간 거품을 걷어낸다. 체에 거른다. 소스에 타라곤을 넣고 향을 우려내며 원하는 농도가 될 때까지 약불로 졸인다.

플레이팅 DRESSAGE
서빙용 코코트 냄비에 슈페츨레, 밤, 초석잠을 고루 담은 뒤 닭 육즙 소스를 뿌린다.

박류 채소

구운 호박과 서양배, 페타 치즈, 달걀 절임

POTIRON RÔTI, POIRE, FETA ET PICKLES D'ŒUF

6인분

준비
50분

조리
35분

마리네이드
24시간

도구
만돌린 슬라이서
스포이트(100ml)

재료

달걀 절임
현미 식초 250ml
간장 150ml
설탕 100g
달걀 6개

호박
서양 호박(1.5~2kg) 1개
올리브오일
메이플 시럽
소금, 후추

가니시용 부재료
페타 치즈 200g
서양배(passe-crassane 또는
conférence 품종) 1개

망고 소스
망고 쿨리 150g
애플사이더 식초 1테이블스푼
설탕 10g
옥수수 전분 4g
소금, 후추

완성, 플레이팅
호박씨 20g
미즈나 잎

달걀 절임 PICKLES D'ŒUFS
볼에 식초, 간장, 설탕을 넣고 섞는다. 달걀의 노른자와 흰자를 분리한다. 밀폐용기에 달걀노른자를 넣고 양념 간장을 넉넉히 부어 덮어준다. 냉장고에 넣어 24시간 동안 재운다.

망고 소스 CRÉMEUX DE MANGUE
녹말가루에 찬물을 조금 넣고 잘 저어 개어준다. 소스팬에 망고 쿨리와 식초를 넣고 가열한다. 설탕, 찬물에 개어둔 녹말을 넣어준다. 계속 저어주며 농도가 걸쭉해지도록 끓인다. 소금, 후추로 간한다. 식힌 다음 스포이트에 채워 냉장고에 보관한다.

호박 POTIRON
호박을 6조각으로 자른 뒤 올리브오일을 바르고 소금, 후추로 간한다. 오븐팬에 한 켜로 놓은 뒤 180℃ 오븐에서 완전히 익을 때까지 굽는다. 마지막에 메이플 시럽을 발라 윤기나게 마무리한다.

가니시 부재료 GARNITURE
페타 치즈를 잘게 부수어 놓는다. 서양배는 껍질을 벗긴 뒤 만돌린 슬라이서로 얇게 썬다.

완성, 플레이팅 FINITIONS ET DRESSAGE
유산지를 깐 오븐팬에 호박씨를 펼쳐놓고 150℃ 오븐에 넣어 15분간 로스팅한다. 접시에 모든 재료를 보기 좋게 담은 뒤 절인 달걀노른자를 한 개 올린다. 망고 소스를 군데군데 짜준다. 미즈나 잎을 몇 장 얹어 마무리한다.

새콤달콤한 포도즙 소스를 곁들인 단호박, 채소 코코트

COCOTTE DE POTIMARRON ET LÉGUMES ÉTUVÉS, JUS DE RAISIN EN AIGRE-DOUX

6인분

준비
2시간

마리네이드
1시간

조리
2시간

도구
그릴팬
핸드 블렌더

재료

줄기 달린 당근 12개
청포도 100g
작은 자색 아티초크 9개
단호박 큰 것 1개
서양배(martin sec 품종) 9개
레몬 1개
버터 150g
밤 18개

감자
갸름한 알감자 250g
버터 250g
마늘 4~6톨
타임 1줄기

마르멜로 마리네이드
마르멜로 1개
설탕 25g
물 200ml
양조 식초 50ml

가스트리크
설탕 50g
셰리와인 식초 50ml
포도즙 250ml
가염버터 50g

완성, 플레이팅
트레비소 라디키오 1개
적크레송 어린 잎(vene cress) 50g

당근의 껍질을 벗긴 뒤 씻는다. 청포도의 껍질을 벗긴다. 아티초크의 껍질을 벗기고 살을 돌려 깎은 뒤 레몬물에 담가둔다(p.70 테크닉 참조). 단호박과 서양배를 씻는다. 껍질은 벗기지 않는다.

단호박을 세로로 등분해 씨를 제거한 뒤 일정한 크기로 깍둑 썬다. 당근, 서양배, 아티초크를 길게 반으로 자른다. 서양배의 속을 도려낸다.

팬에 버터(각 재료마다 1/3씩 나누어 넣는다)와 레몬즙을 넣고 당근, 아티초크, 서양배 순서로 각각 찌듯이 약불로 따로 익힌다. 아티초크와 서양배를 익힐 때는 국물에 윤기가 날 때까지 졸여 약간 갈색이 나도록 한다. 생밤을 사용할 경우 껍질 밝은색 부분에 길게 칼집을 내준 뒤 오븐팬에 놓고 껍질이 벌어질 때까지 180℃ 오븐에서 15분간 굽는다. 뜨거울 때 조심스럽게 껍질을 깐다. 밤을 반으로 자른 뒤 그릴팬에 노릇하게 익힌다.

감자 FÉCULENTS
알감자를 씻은 뒤 물에 넣고 15분간 삶는다. 마늘의 껍질을 벗긴 뒤 짓이긴다. 알감자를 반으로 자른 뒤 버터를 녹인 팬에 마늘, 타임과 함께 넣고 센 불에서 노릇하게 볶아준다.

마르멜로 마리네이드 COINGS MARINÉS
소스팬에 물, 설탕, 식초를 넣고 끓여 시럽을 만든다. 마르멜로(서양모과)의 껍질을 벗긴 뒤 아주 얇게 썬다. 시럽에 담가 1시간 동안 절인다.

가스트리크 GASTRIQUE
소스팬에 설탕과 셰리와인 식초를 넣고 가열한다. 여기에 포도즙을 넣고 끓을 때까지 가열한다. 버터를 넣고 핸드 블렌더로 갈아 혼합한다. 주걱으로 저은 뒤 들어올렸을 때 묽게 흘러내리지 않고 묻을 정도의 농도의 소스를 만든다.

플레이팅 DRESSAGE
서빙용 코코트 냄비에 각 재료를 보기 좋게 담는다. 껍질 깐 포도와 트레비소 라디키오, 적크레송 잎도 사이사이 고루 배치한다. 소스를 전체에 가늘게 뿌려 완성한다.

버터넛 스쿼시와 랑구스틴 비스크

BUTTERNUT CONFIT ET BISQUE DE LANGOUSTINE

6인분

준비
1시간 30분

조리
55분

도구
원뿔체
지름 8cm 원형 커터
거품기
그릴팬
절굿공이

재료

랑구스틴
랑구스틴(가시발새우
8~10미 사이즈) 6마리
올리브오일
에스플레트 고춧가루
소금

랑구스틴 비스크
양파 100g
샬롯 100g
토마토 200g
마늘 2톨
랑구스틴 껍데기 500g
올리브오일 80ml
소비뇽 블랑 와인
250ml
코냑 50ml
누아이 프라트
(Noilly Prat) 20ml
타라곤 1단
타임 2줄기
액상 생크림
(유지방 35%) 500ml
부케가르니 1개
토마토 페이스트
1테이블스푼

버터넛 스쿼시 콩피
버터넛 스쿼시(1.5kg)
1개
올리브오일
소금, 후추

버터넛 스쿼시 리소토
버터넛 스쿼시 400g
양파 1/2개
버터 110g
생선 육수 600ml
가늘게 간 파르메산
치즈 60g
차이브 1/2단
소금, 후추

완성, 플레이팅
각종 허브(처빌, 타라곤,
차이브, 샬롯 등)

랑구스틴 LANGOUSTINES
랑구스틴의 머리를 떼어낸 뒤 껍데기를 벗긴다. 꼬리는 살에 붙인 채로 둔다. 머리와 살은 냉장고에 넣어두고 껍데기는 비스크용으로 사용한다.

랑구스틴 비스크 BISQUE DE LANGOUSTINES
양파, 샬롯, 토마토를 브뤼누아즈로 잘게 깍둑 썬다(p.60 참조). 마늘의 껍질을 벗긴 뒤 짓이긴다. 넓은 냄비에 올리브오일을 아주 뜨겁게 달군 뒤 랑구스틴 껍데기를 넣고 센 불에서 볶는다. 이어서 잘게 썬 양파와 샬롯을 넣고 같이 볶는다. 화이트와인을 넣고 디글레이즈 한 다음 졸인다. 코냑을 넣고 불을 붙여 플랑베한 다음 누아이 프라트(베르무트의 일종)를 넣어준다. 절굿공이로 랑구스틴 껍데기를 짓이겨 최대한 맛이 우러나도록 한다. 토마토, 잘게 썬 허브, 마늘, 부케가르니를 넣는다. 생크림을 넣고 토마토 페이스트도 넣어준다. 약하게 끓는 상태를 유지하며 약 20분간 끓인다. 체에 걸러 내린 뒤 중탕으로 뜨겁게 보관한다.

버터넛 스쿼시 콩피 BUTTERNUT CONFIT
버터넛 스쿼시(땅콩호박)의 껍질을 벗긴 뒤 2cm 두께로 슬라이스해 총 6조각을 준비한다(자르고 남은 자투리는 보관해두었다가 리소토용으로 사용한다). 버터넛 스쿼시 슬라이스에 올리브오일을 바른 뒤 뜨겁게 달군 그릴팬에 올려 구운 자국을 내준다. 소금, 후추로 간한다. 오븐팬에 한 켜로 깔아 놓은 뒤 140°C 오븐에 넣어 완전히 익을 때까지 굽는다.

버터넛 스쿼시 리소토 RISOTTO DE BUTTERNUT
남은 버터넛 스쿼시와 자투리는 모두 브뤼누아즈로 잘게 깍둑 썬다(p.60 테크닉 참조). 양파를 잘게 썬다. 팬에 버터 50g을 두른 뒤 잘게 썬 양파와 버터넛 스쿼시와 넣고 색이 나지 않게 볶는다. 미리 뜨겁게 데운 생선 육수를 조금씩 넣고 잘 저어가며 익힌다. 수분이 증발하면 다시 생선 육수를 넣어가며 익히기를 반복한다. 버터넛 스쿼시가 완전히 익으면 파르메산 치즈를 넣고 잘 저어 걸쭉하게 리에종한다. 이어서 차가운 버터를 넣고 잘 섞어준다. 잘게 썬 차이브를 넣는다. 소금, 후추로 간을 맞춘다.

플레이팅 DRESSAGE
팬에 올리브오일을 달군 뒤 랑구스틴 살을 센 불로 재빨리 지진다. 보관해두었던 랑구스틴 머리도 붉은색이 날 때까지 함께 볶는다. 우묵한 접시에 버터넛 스쿼시를 한 조각 놓고 그 위에 버터넛 스쿼시 리소토를 조금 얹는다. 랑구스틴을 올리고 그 옆에 머리를 놓아준다. 허브를 고루 얹는다. 랑구스틴 비스크 소스는 작은 용기에 따로 담아 서빙한 뒤 먹기 바로 직전 접시에 부어준다.

구운 패티팬 스쿼시, 펜넬 포카치아

PÂTISSONS GRILLÉS ET FOCACCIA AU FENOUIL

4인분

준비
1시간

휴지
하룻밤 + 1시간

조리
1시간

도구
그릴팬
수비드 기계
만돌린 슬라이서
주방용 붓
베이킹용 밀대

재료

펜넬 포카치아
밀가루 400g
인스턴트 감자 퓌레 가루 75g
소금 9g
물 310ml
생이스트 12g
올리브오일 50ml
야생 펜넬씨
소금(플뢰르 드 셀)
올리브오일(빵 반죽에 바르는 용도)

펜넬 퓌레
펜넬 1개
올리브오일 200ml
펜넬씨
마늘 2톨
타임 2줄기
소금

생패티팬 스쿼시
노랑 패티팬 스쿼시 4개
그린 패티팬 스쿼시 4개

생펜넬
미니 펜넬 2개

구운 패티팬 스쿼시
노랑 패티팬 스쿼시 4개
그린 패티팬 스쿼시 8개
낙화생유
소금

펜넬 포카치아 FOCACCIA FENOUIL

생이스트를 부수어 따뜻한 물에 넣고 녹인다. 믹싱볼에 밀가루, 인스턴트 감자 퓌레 가루, 소금, 물에 개어둔 이스트를 모두 넣고 손으로 섞어 반죽한다. 랩을 씌운 뒤 냉장고에 하룻밤(12시간) 넣어 발효시킨다. 반죽을 덜어내 펀칭한 다음 유산지를 깐 오븐팬에 납작하게 펼쳐놓는다. 면포로 덮은 뒤 상온에서 1시간 발효시킨다. 오븐을 200℃로 예열한다. 반죽 위에 올리브오일을 붓으로 넉넉히 발라준 다음 펜넬씨와 플뢰르 드 셀을 고루 뿌린다. 손가락으로 군데군데 눌러 우묵한 자국을 내준 다음 오븐에 넣어 노릇한 색이 날때까지 약 25분간 굽는다.

펜넬 퓌레 CAVIAR DE FENOUIL

펜넬을 씻은 뒤 세로로 등분한다. 재료를 모두 수비드용 파우치에 넣고 진공포장한다. 95℃로 세팅한 스팀 오븐이나 찜기에 넣어 부드러워질 때까지 푹 익힌다. 파우치를 열어 펜넬을 건져낸 뒤 볼에 담는다. 핸드 블렌더로 갈아준다. 너무 뻑뻑하면 익히면서 나온 즙을 조금 넣어준다. 더 고운 퓌레를 만들려면 체에 한 번 내린다.

생패티팬 스쿼시 PÂTISSONS CRUS

패티팬 스쿼시를 씻은 뒤 만돌린 슬라이서를 사용해 얇게 저민다. 얼음물에 담가둔다.

생펜넬 FENOUIL CRUS

펜넬을 씻은 뒤 만돌린 슬라이서를 이용해 얇게 저민다. 얼음물에 담가둔다.

구운 패티팬 스쿼시 PÂTISSONS GRILLÉS

패티팬 스쿼시를 씻은 뒤 노란색 호박은 세로로 잘라 각각 슬라이스 3장씩을 준비한다. 그린 패티팬 스쿼시는 세로로 등분한다. 그릴 팬을 달군 뒤 오일을 붓으로 바른다. 패티팬 조각을 놓고 각 면을 고루 구워 십자로 그릴 자국을 내준다. 소금으로 간한다.

플레이팅 DRESSAGE

포카치아 빵을 길쭉한 모양으로 자른 뒤 오븐이나 토스터에 살짝 굽는다. 빵 위에 펜넬 퓌레를 넉넉히 발라 얹은 뒤 익힌 패티팬 스쿼시와 생패티팬 스쿼시를 고루 얹어놓는다. 얇게 썬 생펜넬 슬라이스를 얹어 마무리한다.

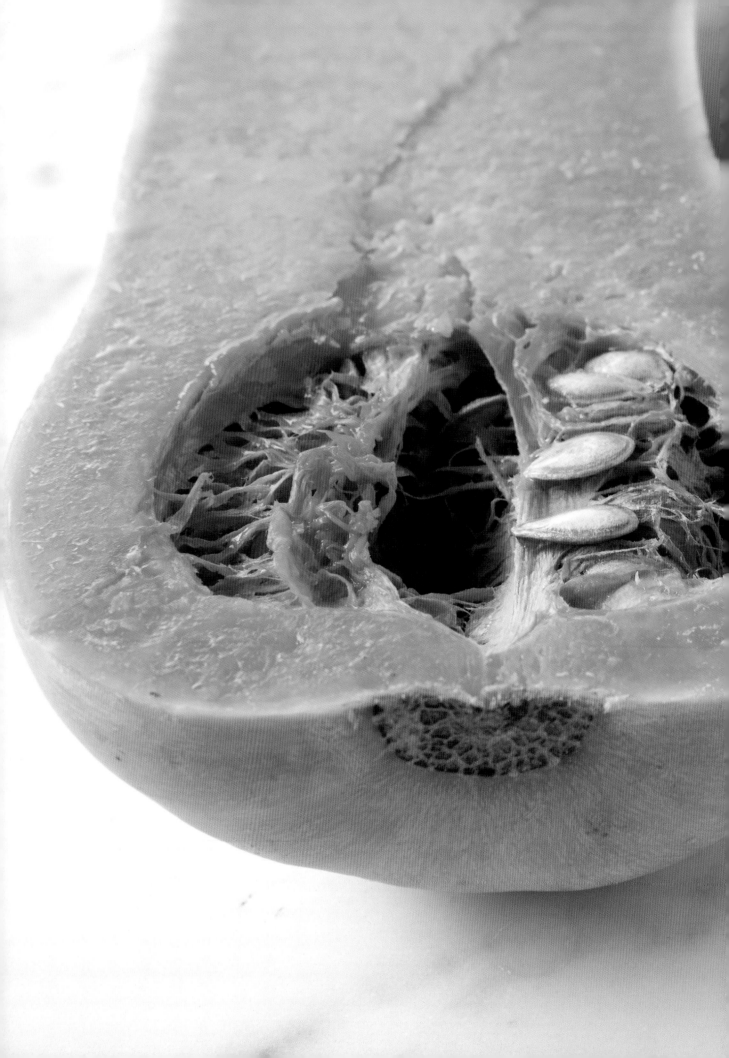

호박씨를 넣은 국수호박 사블레

SABLÉS DE COURGE SPAGHETTI AUX GRAINES

6인분(약 30개분)

준비
20분

조리
20분

도구
찜기
지름 5cm 원형 쿠키커터
베이킹용 밀대

재료

씨앗류
호박씨 50g
아마씨 20g
통깨 10g
니젤라 씨 10g

사블레 반죽
국수호박 450g
가늘게 간 콩테(comté) 치즈 90g
파르메산 치즈 90g
병아리콩 가루 150g
옥수수 가루 150g
베이킹파우더 10g
가람마살라 2테이블스푼
소금, 흰 후추

씨앗류 GRAINES
재료를 모두 섞는다. 유산지를 깐 오븐팬 위에 펼쳐 놓은 뒤 150℃ 오븐에 넣어 약 10분 정도 로스팅한다.

사블레 반죽 PÂTE À SABLÉS
국수호박을 길게 반으로 자른다. 스푼으로 씨를 제거한 다음 포크로 살을 국수처럼 긁어낸다. 찜기에 10분 정도 살짝 쪄낸다. 식힌 다음 볼에 넣고 두 가지 치즈, 병아리콩 가루, 옥수수 가루, 베이킹파우더, 오븐에 구운 씨앗류, 가람마살라와 함께 주걱으로 잘 섞어준다. 고루 혼합되면 소금, 후추로 간한다. 손으로 눌러가며 반죽한다.

사블레 SABLÉS
깨끗한 작업대 위에 밀가루를 뿌린 뒤 반죽을 놓고 밀대로 2cm 두께로 민다. 지름 5cm 원형 쿠키커터로 잘라낸다. 유산지를 깐 오븐팬에 쿠키 반죽을 놓고 180℃ 오븐에 넣어 노릇한 색이 날 때까지 약 10분 정도 굽는다. 망에 올려 식힌다.

전기밥솥에 찐 단호박

KABOCHA CUITE ENTIÈRE DANS UN CUISEUR À RIZ

6인분

준비
10분

조리
30분

도구
전기밥솥

재료
단호박 1개
탄산수 1.5리터
엑스트라버진 올리브오일 50ml
소금(플뢰르 드 셀)
티무트 후추(poivre de Timut)
간장

단호박을 꼼꼼히 씻은 뒤 윗부분을 뚜껑처럼 가로로 자른다.

전기밥솥에 탄산수를 채운 뒤 단호박을 넣고 30분 정도 익힌다. 칼끝으로 찔러 호박이 익었는지 확인한다.

익으면서 호박씨의 향이 호박 전체에 배어든다. 다 익은 뒤 스푼으로 호박씨를 긁어낸다. 올리브오일, 소금, 후추로 호박 살에 간을 한다.

간장을 조금 뿌린 뒤 껍질째 통째로 서빙한다.

셰프의 조언

탄산수를 넣으면 촉촉한 수분을 유지하며
호박을 최적의 상태로 쪄낼 수 있다.
일반 생수를 사용해도 무방하다.

스파이시 캐리비언 소스를 곁들인 차요테 샐러드

SALADE DE CHAYOTTES, SAUCE CHIEN

6인분

준비
30분

조리
5분

도구
위생 장갑
마이크로플레인 그레이터

재료

차요테 샐러드
차요테 5개
당근 3개
참기름 50ml
소금(플뢰르 드 셀)

스파이시 캐리비안 드레싱
앙티유 스위트 고추 4개
하바네로 고추 1개
적양파 1개
생강 50g
마늘 2톨
이탈리안 파슬리 1단
고수 1단
쪽파 1단
라임 3개
포도씨유 100ml
참기름 50ml
생수 200ml

차요테 샐러드 SALADE DE CHAYOTTES

차요테와 당근을 씻은 뒤 껍질을 벗기고 가늘게 채 썬다(p.58 테크닉 참조). 모두 볼에 넣고 소금, 참기름으로 버무려 간을 한 다음 냉장고에 넣어둔다.

스파이시 캐리비안 드레싱 SAUCE CHIEN

고추를 다룰 때는 위생장갑을 착용한다. 고추를 반으로 잘라 속과 씨를 빼낸 뒤 브뤼누아즈로 잘게 깍둑 썬다. 적양파와 마늘을 다진다. 생강은 강판에 갈아준다. 이탈리안 파슬리와 고수는 플레이팅용으로 각각 한 줄기씩 따로 보관한 다음 잘게 다진다. 쪽파는 얇게 송송 썬다. 그레이터로 라임 제스트를 갈아낸 뒤 즙을 짜낸다. 재료를 모두 볼에 담고 포도씨유와 참기름을 넣는다. 끓인 뜨거운 물을 조금씩 넣어가며 거품기로 잘 저어 섞는다.

플레이팅 DRESSAGE

드레싱을 차요테 샐러드에 넣고 살살 버무려 섞는다. 우묵한 접시에 샐러드를 담고 고수와 파슬리 줄기를 얹어 장식한다.

셰프의 조언

이 소스는 미리 만들어 밀폐용 병에 넣은 뒤 냉장고에 보관할 수 있다.

고추는 매운 정도를 감안하여 선택한다.

십자화과 채소

사보이 양배추 쌈과 새우 콩소메

CHOU VERT FRISÉ, CONSOMMÉ CRISTALLIN AUX CREVETTES GRISES

6인분

준비
30분

조리
1시간 30분

도구
고운 원뿔체
튀김기
마이크로플레인 그레이터
편수 냄비
소테팬
주방용 온도계
면포

재료
사보이 양배추 2개
생강 100g
당근 2개
줄기양파 1단
마늘 2톨
두부 200g
익힌 곰새우 300g
태국 쪽파 1단
고수 1단
간장 100ml
액젓(피시 소스) 50ml
레몬그라스 1줄기
토마토 페이스트 20g
생수 1.5리터
고수씨 5g
검은 통후추 5알
밀가루 10g
버터 30g
포도씨유 1리터
소금

가니시 준비하기 PRÉPARATION DE LA GARNITURE

채소의 껍질을 모두 벗긴 뒤 씻어 식초 물에 담가둔다(물 1리터당 식초 50ml). 양배추의 진한 녹색 겉잎은 떼어내 콩소메용으로 따로 보관한다. 생강 껍질도 콩소메용으로 보관한다. 당근은 브뤼누아즈로 작게 깍둑 썬다(p.60테크닉 참조). 줄기양파는 잘게 송송 썰고 녹색 줄기 부분은 따로 보관한다. 생강과 마늘을 강판에 갈아 섞은 뒤 냉장고에 넣어둔다. 사보이 양배추 잎 중 크고 싱싱한 것을 골라 6장을 준비한다. 냄비에 물을 끓인 뒤 소금을 조금 넣는다. 양배추 잎을 넣고 데친 뒤 건져 찬물에 식힌다. 데친 양배추 잎을 깨끗한 면포에 놓고 수분을 제거한다. 너무 푹 익지 않고 살짝 아삭한 상태를 유지해야 한다. 면포로 싸서 냉장고에 넣어둔다. 남은 양배추는 가늘게 썬다. 두부는 물기를 제거한 뒤 사방 3cm 크기의 큐브 모양으로 조심스럽게 자른다. 물기가 빠지도록 종이타월 위에 놓고 냉장고에 보관한다. 새우 껍질을 벗긴 뒤 찬물에 헹군다. 20마리 정도를 플레이팅용으로 보관한다. 새우 껍질과 머리는 버리지 말고 보관한다. 쪽파를 길이로 가늘게 썬다(길이는 약 10cm). 생생하게 오그라들도록 찬물에 담가 냉장고에 넣어둔다. 고수는 뿌리와 줄기(콩소메용으로 사용)를 잘라내고 플레이팅용으로 잎을 몇 장 추려둔다.

맑은 콩소메 CONSOMMÉ CRISTALLIN

넓은 냄비에 기름을 조금 달군 뒤 따로 떼어둔 녹색 사보이 양배추 잎을 넣고 노릇하게 볶는다. 새우 머리와 껍데기, 생강 껍질과 자투리를 넣고 함께 볶는다. 간장과 피시 소스를 넣고 디글레이즈 한다. 어슷하게 썬 레몬그라스 줄기, 줄기양파 녹색 부분, 고수 줄기와 뿌리, 토마토 페이스트 1테이블스푼을 넣고 생수를 부어 국물을 잡는다. 고수씨와 통후추를 넣어준다. 약하게 끓는 상태를 유지하며 45분간 끓인다. 불을 끄고 10분간 그대로 둔 다음 면포를 받친 체에 걸러준다. 재료를 꾹꾹 누르지 않는다. 맑게 거른 콩소메를 상온에 보관한다.

양배추 쌈 COUSSINETS DE CHOUX

팬에 버터를 두른 뒤 잘게 썬 당근과 줄기양파를 넣고 색이 나지 않게 볶는다. 마늘과 생강, 얇게 썬 양배추를 넣고 콩소메 100ml를 넣어준다. 뚜껑을 닫고 찌듯이 익힌다. 데친 양배추 잎 6장을 펼쳐 놓고 볶아 익힌 소를 나누어 올린다. 양배추 잎을 접어 6 x 4cm 크기 사각형으로 감싼 뒤 랩으로 다시 한 번 싸서 모양을 잡아준다.

재료 튀기기 FRITURE

두부에 밀가루를 묻힌다. 가늘게 썰어 물에 담가둔 쪽파는 건져서 종이타월로 꼭 짜 물기를 제거한다. 포도씨유를 튀김기에 넣고 170°C로 예열한다. 두부, 쪽파, 새우를 각각 따로 튀겨낸다. 기름이 튈 우려가 있으니 안전에 주의한다. 튀김을 종이타월 위에 놓고 여분의 기름을 뺀 다음 소금을 뿌린다.

플레이팅 DRESSAGE

양배추 쌈의 랩을 벗긴 뒤 우묵한 접시에 한 개씩 담는다. 그 위에 튀긴 가니시 재료들을 올린다. 따로 남겨둔 익힌 새우를 6개의 접시에 나누어 담는다. 작은 티 주전자에 콩소메를 담아 서빙한 뒤 접시에 조심스럽게 부어준다. 마지막에 고수 잎을 몇 장 올려 완성한다.

셰프의 조언

불을 줄이고 약하게 끓는 상태를 유지하며
콩소메를 끓여야 맑은 갈색의 국물을 얻을 수 있다.

콜리플라워 로스트, 무스, 타불레

DÉCLINAISON DE CHOU-FLEUR, RÔTI GRENOBLOISE, MOUSSE ET TABOULÉ MULTICOLORE

6인분

준비
1시간 30분

냉장
1시간

조리
20분

도구
지름 5cm 무스링 6개
핸드믹서
핸드 블렌더
치즈 그레이터
푸드 프로세서

재료

콜리플라워 무스
콜리플라워 퓌레 325g
액상 생크림(유지방 35%) 140ml
판 젤라틴 3.5장(7g)
소금

삼색 콜리플라워 타불레
주황색 콜리플라워 1/2개
녹색 콜리플라워 1/2개
자색 콜리플라워 1/2개
고수 1단
올리브오일 100ml
라임 1개
소금, 후추

그르노블루아즈
레몬 1개
빵 슬라이스 2장
버터 100g
케이퍼 2테이블스푼

로스트 콜리플라워
콜리플라워 1개
가염버터 150g

타히니 콜리플라워 퓌레
콜리플라워 400g
비디 50g
타히니 3테이블스푼
소금

완성, 플레이팅
함초 100g
줄기 달린 케이퍼베리 6개

콜리플라워 무스 MOUSSE DE CHOU-FLEUR
끓는 소금물에 콜리플라워를 삶는다(p.90 테크닉 참조). 익힌 콜리플라워를 푸드 프로세서에 넣고 갈아준다. 판 젤라틴을 찬물에 담가 부드럽게 불린다. 핸드믹서로 생크림을 부드럽게 휘핑해준다. 불린 젤라틴을 꼭 짜서 아직 뜨거운 콜리플라워 퓌레에 넣고 잘 섞어 녹인다. 콜리플라워 퓌레가 굳기 전에 휘핑한 크림을 넣고 주걱으로 살살 섞어준다. 혼합물을 무스링에 채워 넣은 뒤 냉장고에 1시간 정도 넣어 굳힌다.

삼색 콜리플라워 타불레 TABOULÉ DE SEMOULE GRAFFITI
치즈 그레이터 굵은 강판 면에 세 종류의 콜리플라워를 갈아준다. 볼에 콜리플라워를 담고 잘게 썬 고수, 라임즙과 껍질 제스트를 넣어 섞는다. 올리브오일, 소금, 후추로 기호에 맞게 양념해 버무린다.

그르노블루아즈 케이퍼 양념 GRENOBLOISE
레몬의 속껍질까지 잘라 벗겨낸 다음 과육 세그먼트만 잘라내 일정한 크기로 깍둑 썬다. 빵은 사방 5mm 크기의 작은 크루통으로 잘라 정제버터를 두른 팬에 튀기듯 구워낸다. 크루통을 종이타월에 놓고 여분의 기름을 뺀다. 레몬 과육과 케이퍼를 섞는다. 크루통은 따로 보관한다.

로스트 콜리플라워 CHOU-FLEUR RÔTI
콜리플라워를 6개의 굵은 송이로 떼어 분리한다. 팬에 가염버터를 녹인 뒤 콜리플라워를 넣고 지진다. 녹은 버터를 계속 끼얹어가며 크기에 따라 약 15분 정도 익힌다. 마지막에 케이퍼 양념을 넣어준다.

타히니 콜리플라워 퓌레 PURÉE DE CHOU-FLEUR AU TAHINÉ
콜리플라워를 끓는 소금물에 넣어 익힌다(p.90 테크닉 참조). 건져서 버터와 타히니를 넣고 푸드 프로세서에 갈아준다. 소금으로 간한다. 너무 뻑뻑하면 물을 조금 넣어 농도를 조절한다.

완성하기 FINITIONS
냄비에 물과 함초를 넣고 끓을 때까지 가열한다. 끓어오르면 함초를 건져 얼음물에 담가 더 이상 익는 것을 중단시킨다.

플레이팅 DRESSAGE
접시 바닥에 타히니 콜리플라워 퓌레를 조금 깔아준다. 로스트 콜리플라워를 놓는다. 콜리플라워 무스의 링을 제거하고 접시에 놓은 뒤 삼색 콜리플라워 타불레를 덮어준다. 함초, 생콜리플라워 슬라이스, 그르노블루아즈 양념, 크루통과 케이퍼를 보기 좋게 놓아 완성한다.

구운 브로콜리, 보타르가, 시저 드레싱

BROCOLI RÔTI, POUTARGUE ET SAUCE CÉSAR

4인분

준비
45분

조리
30분

도구
강판
푸드 프로세서

재료

브로콜리
브로콜리 1송이
버터 100g
소금

시저 드레싱
달걀 2개
가늘게 간 파르메산 치즈 20g
안초비 필레 15g
레몬즙 40ml
우스터 소스 10ml
타라곤 1/4단
바질 1/4단
올리브오일 100ml
더블크림 40ml

완성, 플레이팅
보타르가(어란) 50g

브로콜리 BROCOLI
브로콜리를 씻은 뒤 끓는 소금물에 30초간 데친다. 건져서 찬물에 식힌다. 팬에 버터를 넣고 연한 갈색이 나도록 가열한다. 금방 타서 검게 변할 수 있으니 주의한다. 유산지를 깐 오븐팬 위에 브로콜리를 놓고 그 위에 브라운 버터를 끼얹어준다. 180℃ 오븐에 넣어 20분간 굽는다. 노릇하게 구워지면 칼끝을 찔러 넣어 익었는지 확인한다.

시저 드레싱 SAUCE CÉSAR
달걀 한 개를 완숙으로 삶은 뒤 노른자를 분리해낸다. 푸드 프로세서에 생달걀 노른자 1개와 삶은 달걀 노른자 1개분, 파르메산 치즈, 안초비 필레를 넣고 갈아 부드럽게 혼합한다. 여기에 레몬즙, 우스터 소스, 타라곤 잎, 바질 잎을 첨가한 뒤 다시 갈아준다. 혼합물에 올리브오일을 조금씩 넣어가며 거품기로 휘저어 유화하며 섞어준다. 농도가 너무 되직하면 크림을 조금 넣어 풀어준다.

플레이팅 DRESSAGE
구운 브로콜리에 시저 드레싱, 곱게 간 보타르가를 곁들여 서빙한다.

메이플시럽 방울양배추, 크리스피 양파와 베이컨

CHOUX DE BRUXELLES AU SIROP D'ÉRABLE,
CRISPY D'OIGNON ET DE LARD FUMÉ

6인분

준비
30분

조리
20분

도구
푸드 슬라이서

재료

방울양배추
방울양배추 36개
메이플시럽 250ml
가염버터 150g
천일염 10g
소금(플뢰르 드 셀)
그라인드 후추

크리스피 양파와 베이컨
베이컨 200g
흰 양파 2개

완성, 플레이팅
이탈리안 파슬리
올리브오일 50ml

방울양배추 CHOUX DE BRUXELLES
방울양배추를 씻어 겉잎을 벗긴다. 그중 싱싱한 것 몇장은 플레이팅 장식용으로 따로 보관한다. 끓는 소금물에 방울양배추를 넣고 살캉하게 삶는다(p.90 테크닉 참조). 찬물에 담가 식혀 건져둔다. 장식용으로 남겨두었던 겉잎도 끓는 물에 살짝 데쳐둔다. 방울양배추를 세로로 이등분한다. 팬에 가염버터를 녹여 연한 갈색이 나기 시작하면 방울양배추의 단면이 아래로 오도록 놓고 노릇하게 지진다. 메이플시럽을 넣어 디글레이즈 한다. 녹은 버터와 시럽을 방울양배추에 고루 끼얹어주며 익힌다.

크리스피 양파와 베이컨 CRISPY
푸드 슬라이서를 이용해 베이컨과 양파를 아주 얇게(두께 1~2m) 슬라이스한다. 재료를 미리 살짝 얼려두면 더욱 쉽게 슬라이스할 수 있다. 유산지를 깐 오븐팬에 베이컨과 양파 슬라이스를 한 켜로 놓고 다시 유산지를 한 장 덮어준다. 150℃ 오븐에 넣어 노릇한 색이 나고 바삭해지도록 20분 정도 구워 건조시킨다.

플레이팅 DRESSAGE
방울양배추에 소금과 후추로 간을 한 다음 우묵한 접시에 담는다. 크리스피 베이컨과 양파를 고루 얹는다. 따로 준비해 둔 방울양배추 겉잎에 올리브오일을 발라 윤기를 낸 다음 고루 얹어 장식한다.

로마네스코 브로콜리 갈레트, 그린 퓌레, 고등어 직화구이

GALETTES DE CHOU ROMANESCO, PURÉE VERTE ET MAQUEREAU À LA FLAMME

6인분

준비
40분

마리네이드
1시간

조리
20분

도구
블렌더
원뿔체
주방용 토치
마늘 다지기

재료

고등어
고등어 3마리
폰즈 소스 300ml

로마네스코 브로콜리 갈레트
로마네스코 브로콜리 500g
줄기양파 2개
마늘 1톨
올리브오일 50ml
밀가루 2테이블스푼
달걀 2개
오레가노 1티스푼
민트 잎 10장
올리브오일 150ml

그린 퓌레
로마네스코 브로콜리 500g
버터 70g
파르메산 치즈 70g
소금, 후추

라임 피스타치오 소스
물 300ml
레몬그라스 1줄기
피스타치오 150g
생선 육수 100ml
강판에 간 생강 1테이블스푼
액상 생크림(유지방 35%) 100ml
레몬즙 100ml
라임 1개

완성, 플레이팅
익힌 로마네스코 브로콜리 작은 송이 18개
말차 가루 5g

고등어 MAQUEREAUX
고등어의 필레를 뜨고 가시를 꼼꼼히 제거한다. 고등어 필레에 폰즈 소스를 붓고 랩으로 씌운 뒤 냉장고에 1시간 동안 넣어 절인다.

로마네스코 브로콜리 갈레트 GALETTES DE CHOU ROMANESCO
끓는 소금물에 로마네스코 브로콜리를 넣고 약간 살캉한 정도로 삶는다. 건져서 볼에 넣고 포크로 굵직하게 으깨준다. 줄기양파는 껍질을 벗긴 뒤 얇게 송송 썰고(p.55 테크닉 참조) 마늘은 마늘 다지기로 곱게 으깨준다. 팬에 올리브오일 50ml을 달군 뒤 잘게 썬 줄기양파와 마늘을 넣고 볶는다. 식힌 다음 이것을 으깨둔 로마네스코 브로콜리에 넣는다. 여기에 밀가루, 달걀, 잘게 다진 오레가노와 민트 잎을 넣고 잘 섞는다. 소금, 후추로 간한다. 반죽을 지름 4cm 크기로 동글동글하게 빚은 뒤 살짝 눌러 납작하게 총 18개를 만든다. 패티에 밀가루를 묻힌다. 팬에 올리브오일 150ml를 달군 뒤 갈레트를 넣고 튀기듯 지진다. 중간에 뒤집어가며 노릇한 색이 나도록 양면을 고루 익혀준다. 건져서 종이타월에 놓아 여분의 기름을 빼고 따뜻하게 보관한다.

그린 퓌레 PURÉE VERTE
끓는 소금물에 로마네스코 브로콜리를 넣고 삶는다. 건져서 버터, 파르메산 치즈와 함께 블렌더에 넣고 갈아 혼합한다. 소금, 후추로 간을 맞춘 뒤 냉장고에 넣어둔다.

라임 피스타치오 소스 SAUCE CITRON VERT PISTACHE
레몬그라스 줄기를 얇게 송송 썬다. 냄비에 물과 레몬그라스를 넣고 3분간 가열해 향을 우려낸다. 마른 팬에 피스타치오를 넣고 색이 나지 않게 볶는다. 레몬그라스 향이 우러난 물과 피스타치오를 푸드 프로세서에 넣고 갈아 페이스트를 만든다. 냄비에 생선 육수를 넣고 약불로 데운다. 강판에 간 생강과 생크림을 넣어준다. 이것을 푸드 프로세서 안의 피스타치오 페이스트에 붓고 다시 잘 갈아준다. 혼합물을 냄비로 옮긴 다음 10분 정도 끓인다. 소스를 체에 거른 뒤 간을 맞춘다. 기호에 따라 적당한 양의 레몬즙과 라임 제스트를 넣어준다.

완성하기 FINITIONS
재워둔 고등어 필레를 건져낸 뒤 팬에 살쪽 면이 아래로 오도록 놓고 살짝 굽는다. 껍질 쪽 면은 주방용 토치로 그슬려 마무리한다. 너무 오래 익히지 않도록 주의한다.

플레이팅 DRESSAGE
접시 바닥에 그린 퓌레를 조금 깐 다음 고등어 필레 한 개, 로마네스코 브로콜리 갈레트 2개를 각각 담는다. 그 위에 로마네스코 브로콜리 작은 송이를 한 개씩 얹어준다. 피스타치오 소스를 끼얹고 말차 가루를 접시 가장자리에 조금 뿌려 마무리한다.

적채 쌈, 맥주에 익힌 사과

POMPONNETTES DE CHOU ROUGE
ET POMMES BRAISÉES À LA BIÈRE

12인분

준비
2시간

조리
1시간 20분

도구
원뿔체
멜론 볼러
애플 코어러

재료

적채 쌈
적채 2개
사과(유기농 Royal Gala 품종) 6개
화이트 식초 200ml
레몬 1개
가염버터 180g
브라운 에일맥주 750ml
타임 1줄기
월계수 잎 1장
소금(플뢰르 드 셀)
그라인드 후추

완성, 플레이팅
사과(Royal Gala 품종) 4개
버터 50g

적채 쌈 POMPONNETTES
적채의 시든 겉잎은 떼어내고 큰 잎 12장을 떼어서 따로 보관한다. 나머지는 가늘게 썬다(p.55 테크닉 참조). 자투리는 버리지 말고 보관한다. 냄비에 물을 끓인 뒤 식초와 소금을 넣고 잘게 썬 적채를 넣어 데친다. 건져둔다(찬물에 헹구지 않는다). 사과의 껍질을 벗기고 속을 제거한 뒤 굵직하게 깍둑 썬다. 껍질과 자투리는 버리지 말고 보관한다. 사과에 레몬즙을 뿌려 갈변을 방지한다. 냄비에 물과 소금, 사과 껍질과 자투리, 적채 자투리를 넣고 함께 가열을 시작한다. 30분 정도 끓인 뒤 체에 거른다. 오븐 사용이 가능한 소테팬에 가염버터와 깍둑 썬 사과를 넣고 색이 나지 않게 볶는다. 여기에 데쳐둔 적채를 넣어준다. 맥주를 붓고 자투리 끓여낸 국물을 넣어준다. 타임과 월계수 잎을 넣는다. 뚜껑을 덮고 160℃ 오븐에서 35분간 익힌다. 익힌 뒤 적채와 사과 건더기를 건져내고 남은 국물은 졸여준다. 따로 준비해둔 큰 적채 잎 위에 익힌 적채와 사과 혼합물을 조금씩 떠넣고 소금(플뢰르 드 셀), 후추를 조금 뿌린 뒤 동그랗게 감싸준다. 랩으로 감싸 모양을 잡아주면 좋다.

완성하기 FINITIONS
적채 쌈의 랩을 벗긴 뒤 버터를 두른 소테팬에 놓고 졸인 국물을 끼얹어주며 10분 정도 윤기나게 익힌다. 애플 코어러를 사용해 사과의 속을 빼낸 뒤 1cm 두께로 동그랗게 슬라이스한다. 팬에 버터 20g을 녹인 뒤 사과 슬라이스를 넣고 양면을 캐러멜라이즈 하듯이 지진다.

플레이팅 DRESSAGE
접시에 사과 슬라이스를 깔고 그 위에 적채 쌈을 놓는다. 멜론 볼러를 이용해 작은 방울 모양으로 도려낸(p.85 테크닉 참조) 사과를 맨 위에 올린다. 익히고 남은 소스에 버터를 넣고 거품기로 잘 섞어준 다음 마지막에 맥주를 조금 넣어준다. 접시에 빙 둘러 소스를 끼얹어준다.

건과일을 넣은 콜라비 타진
TAJINE DE CHOUX-RAVES AUX FRUITS SECS

6인분

준비
45분

조리
30분

도구
절구
체망

재료

콜라비
콜라비 6개
생타임 1줄기
월계수 잎 1장
소금(플뢰르 드 셀)

건과일
블랙 코린트 건포도 100g
대추야자 100g
오렌지 블러섬 워터 50ml

향신 재료
줄기양파 1단
마늘 3톨

스파이스 믹스
커민 1티스푼
강황 1티스푼
고수씨 1티스푼
팔각 3개
호로파 씨 1/2티스푼
아니스 씨 1/2티스푼
사프란 꽃술 2줄기
쿠베브 페퍼 1/2티스푼
올리브오일 50ml

향신 허브
생고수 1단
생민트 1/2단
이탈리안 파슬리 1단

완성, 플레이팅
레몬 1개

콜라비 CHOUX-RAVES
콜라비의 둥근 모양을 최대한 유지하며 껍질을 벗긴다. 세로로 이등분한 뒤 스푼으로 가운데를 파내 가장자리를 1cm 두께로 남겨둔다. 파낸 콜라비 살을 작게 깍둑 썬 다음 끓는 소금물에 타임, 월계수 잎과 함께 넣고 5분간 삶는다. 건져둔다.

건과일 FRUITS SECS
소스팬에 물 200ml와 오렌지 블러섬 워터를 넣고 뜨겁게 데운다. 불에서 내린 뒤 건포도와 대추야자를 넣어 불린다.

향신 재료 GARNITURES AROMATIQUES
마늘과 줄기양파의 껍질을 벗긴 뒤 마늘은 잘게 다지고 줄기양파(또는 쪽파)는 얇게 송송 썬다(p.55 테크닉 참조).

스파이스 믹스 ÉPICES
향신료를 모두 절구에 넣고 빻아준다. 빻은 향신료를 올리브오일을 두른 코코트 냄비에 넣고 로스팅한다. 타지 않도록 주의한다. 양파와 마늘을 넣는다. 색이 나지 않게 함께 볶은 뒤 반으로 잘라 속을 파낸 콜라비를 그 위에 얹어놓는다. 건과일을 담가두었던 물을 붓는다. 약하게 끓는 상태를 유지하며 익힌다. 칼끝으로 찔러보아 콜라비 셸이 익었는지 확인한다. 부드럽게 익고 소스가 윤기나게 입혀지면 완성된 것이다.

향신 허브 HERBES AROMATIQUES
고수, 민트, 파슬리의 잎만 떼어내 씻은 뒤 돌돌 말아 모두 잘게 썬다(p.30, p.56 테크닉 참조).

완성하기 FINITIONS
레몬 껍질을 필러로 벗긴다. 쓴맛이 날 수 있으니 껍질 안쪽의 흰색 부분은 제거한다. 레몬 껍질을 가늘게 채 썬(p.58 테크닉 참조) 뒤 끓는 물에 한 번 데쳐낸다.

플레이팅 DRESSAGE
콜라비 셸 안에 향신료 향이 밴 건포도와 대추야자, 잘게 깍둑 썰어 익힌 콜라비를 채워 넣고 레몬껍질 채를 얹어준다. 나머지 콜라비 반쪽을 얹어 살짝 덮어준다. 서빙 바로 전에 잘게 썬 허브를 얹어 완성한다.

> ### 셰프의 조언
>
> 흰색 또는 자색 콜라비 모두 사용가능하다.
> 타진용 스파이스가 부드러운 맛을 더해준다.

케일 호두강정 샐러드
SALADE DE KALE ET NOIX CONFITES

10인분

준비
1시간 30분

조리
55분

도구
멜론 볼러
테트 드 무안 치즈용 회전 커터(지롤)
만돌린 슬라이서

재료

케일 샐러드
베이비 곱슬 케일 1단
래디시 1단
사과(red delicious 품종) 1개
셀러리 2대
테트 드 무안(tête-de-moine) 치즈 1/2개
건 크랜베리 40g

라이스 플레이크
찐 쌀(장립종) 30g

호두강정
설탕 60g
물 60ml
호두 살 100g

비네그레트 드레싱
요거트 60g
머스터드(moutarde de Meaux) 1테이블스푼
애플사이더 식초 1.5테이블스푼
꿀 1.5테이블스푼
올리브오일 100ml

케일 잎 샐러드 SALADE DE KALE
곱슬 케일 잎들 중 큰 것은 끓는 소금물에 살짝 데쳐낸다. 래디시는 만돌린 슬라이서로 얇게 썬다. 사과를 씻은 뒤 멜론 볼러로 동그랗게 도려낸다(p.85 테크닉 참조). 셀러리 줄기의 억센 섬유질을 벗겨낸 다음 끓는 소금물에 데친다. 얼음물에 담가 식힌 뒤 어슷하게 썬다(p.64 테크닉 참조). 테트 드 무안을 지롤 커터로 얇게 돌려 슬라이스한다. 재료를 모두 섞어준다.

라이스 플레이크 RIZ SOUFFLÉ
쪄낸 쌀을 마른 팬에 넣고 통통하게 부풀때까지 센 불에서 볶는다. 중간중간 팬을 흔들어준다.

호두강정 NOIX CONFITES
소스팬에 설탕과 물을 넣고 가열해 시럽을 만든다. 호두 살을 시럽에 넣고 약 20분간 저어가며 고루 익혀 코팅한다. 호두를 건져서 실리콘 패드 위에 펼쳐 놓는다. 120℃ 오븐에 넣어 35분간 건조시킨다.

비네그레트 드레싱 VINAIGRETTE
볼에 재료를 모두 넣고 거품기로 저어 섞어준다. 케일 샐러드에 넣고 가볍게 섞어준다.

플레이팅 DRESSAGE
우묵한 접시에 샐러드를 담고 라이스 플레이크, 건 크랜베리, 호두강정을 고루 뿌린다.

달걀프라이와 굴을 곁들인 김치

KIMCHI DE JENNIFER, ŒUF MIROIR ET HUÎTRES

6인분

준비
30분

절이기
최소 4시간

조리
5분

도구
밀폐용기(3리터 용량)
지름 3cm 원형 커터
체망
푸드 프로세서
벌집 모양 망 실리콘 패드

재료
배추 1통
큰 사이즈 굴(spécial Marennes Oléron) 18개
달걀 6개

절임 물
천일염 1/2컵(125g)
물 8컵(2리터)

김치 양념
찹쌀가루 2테이블스푼
물 1/2컵
무 220g
다진 생강 2테이블스푼
설탕 2테이블스푼
흰 양파 1/2개
마늘 4톨
새우젓 25g
쪽파 4대
액젓 3~6테이블스푼
고춧가루 60g(기호에 따라 조절)

오징어먹물 튀일
밀가루 50g
상온의 포마드 버터 50g
달걀흰자 50g
오징어먹물 2.5ml

완성, 플레이팅
레드 옥살리스 잎
보리지 꽃 20개
딜 1줄기
쪽파 녹색 부분 얇게 썬 것

배추 CHOU
배추를 씻은 뒤 크기에 따라 세로로 6~8등분한다.

절임 물 SAUMURE
물 8컵에 소금을 녹인다. 배추를 소금물에 넣고 묵직한 것으로 눌러 배추가 물에 잘 잠기도록 한다. 배추 잎이 나른해지도록 최소 4시간에서 하룻밤 동안 절인다. 절인 배추를 흐르는 찬물에 꼼꼼히 헹궈 소금기를 제거한다. 체망에 받쳐 물기를 뺀다.

김치 양념 PÂTE DE KIMCHI
작은 냄비에 찹쌀가루와 찬물을 넣고 풀어준다. 잘 저어주며 끓을 때까지 가열한다. 찹쌀풀이 걸쭉해질 때까지 1~2분간 끓인다. 불에서 내린 뒤 식힌다. 무는 껍질을 벗기고 씻은 뒤 채 썬다(p.58 테크닉 참조). 푸드 프로세서에 생강, 설탕, 양파 반 개, 껍질 벗긴 마늘을 넣고 갈아준다. 여기에 잘게 다진 새우젓, 얇게 썬 쪽파, 액젓, 고춧가루를 넣어준다. 잘 섞은 뒤 찹쌀풀에 붓는다. 무채를 넣고 고루 섞어 김치 속 양념을 완성한다. 절인 배추 켜켜이 김치 속 양념을 고루 발라준다. 큰 밀폐용기에 김치를 엇갈려 차곡차곡 채워 넣는다. 상온에서 이틀간 익힌 뒤 냉장고에 넣어 숙성시킨다. 3~4일 지난 후부터 먹는다.

굴 HUÎTRES
굴 껍질을 조심스럽게 까 살만 발라낸다.

달걀프라이 ŒUFS AU PLAT
논스틱 팬에 달걀프라이를 만든다. 원형 커터를 이용해 노른자를 중심으로 동그랗게 잘라낸다.

오징어먹물 튀일 TUILE À L'ENCRE DE SEICHE
재료를 모두 섞고 거품기로 저어 멍울 없이 매끈한 혼합물을 만든다. 오븐팬에 벌집 모양 실리콘 패드를 깐 다음 그 위에 반죽 혼합물을 얇게 펴놓는다. 170℃ 오븐에 넣어 8분간 굽는다. 실리콘 패드에서 떼어낸 다음 원형 커터를 이용해 지름 3cm로 동그랗게 잘라낸다. 식힌다.

플레이팅 DRESSAGE
접시 바닥에 김치 잎을 한 장 길게 깔아준다. 김치를 찢어 돌돌 만 것 3개를 그 위에 얹는다. 굴을 보기 좋게 배치한 다음 얇게 송송 썬 쪽파, 옥살리스 잎, 딜, 보리지 꽃들을 얹어 장식한다. 달걀프라이를 한 개씩 놓는다. 오징어먹물 튀일을 몇 개 얹어 완성한다.

셰프의 조언

김치를 만들 때는 절이는 과정이 매우 중요하다.
배추의 수분을 제거할 뿐 아니라
젖산발효를 용이하게 만들어준다.
아침에 배추를 절여 오후에 김치를 만들거나
오후 늦게 절여 다음 날 김치를 만들면 된다.
발효 음식인 김치는
냉장고에 몇 달간 저장하고 먹을 수 있다.

청경채 게살 라비올리
RAVIOLES DE PAK CHOÏ ET TOURTEAU

2인분

준비
1시간

조리
40분

도구
지름 7cm 원형 커터
마이크로플레인 그레이터
푸드 프로세서
나비 모양 실리콘 패드

재료
청경채 1송이

소 재료
브라운 크랩 2마리
샬롯 20g
올리브오일
처빌 1/4단
부다즈핸드 1개
소금, 후추

미소 시트러스 마요네즈
달걀 1개
셰리와인 식초 50ml
갈색 미소된장 10g
부다즈핸드 1/4개
낙화생유 120ml
소금

완성, 플레이팅
부다즈핸드 1개
상온의 포마드 버터 50g
달걀흰자 50g
밀가루 50g
미소된장 20g

청경채 잎 만두피 DISQUES DE PAK CHOÏ
청경채를 씻어 잎을 분리한 뒤 원형 커터로 녹색 잎을 잘라 동그랗게 6장을 준비한다. 줄기 부분은 따로 보관한다. 동그랗게 자른 청경채 잎을 끓는 물에 10초간 데친 뒤 건져 바로 찬물에 넣어 식힌다. 건져서 종이타월에 놓아 물기를 완전히 제거한다.

라비올리 소 FARCE
넓은 냄비에 물을 조금 넣고 끓인 뒤 게를 넣고 5~10분간 삶는다. 게의 집게발을 조심스럽게 떼어낸 다음 몸통을 다시 냄비에 넣고 5~10분간 더 익힌다. 게의 몸통과 집게발의 살을 조심스럽게 빼낸다. 샬롯의 껍질을 벗긴 뒤 잘게 썬다. 청경채 줄기 60g을 브뤼누아즈로 잘게 깍둑 썬다(p.60 테크닉 참조). 팬에 올리브오일을 두른 뒤 샬롯을 넣고 색이 나지 않게 볶는다. 여기에 잘게 썬 청경채 줄기 부분을 넣고 함께 볶아 충분히 익힌다. 불에서 내려 식힌 뒤 발라 놓은 게살, 잘게 다진 처빌, 부다즈핸드 제스트를 넣고 섞는다. 집게발 살 덩어리는 플레이팅용으로 따로 남겨둔다. 소금, 후추로 간한다.

미소 시트러스 마요네즈 ÉMULSION FROIDE
달걀을 반숙으로 삶은 뒤 껍질을 깐다. 푸드 프로세서에 달걀, 셰리와인 식초, 미소된장, 소금을 넣고 갈아준다. 여기에 부다즈핸드 약 1/4개분의 제스트를 넣은 다음 오일을 조금씩 흘려넣으며 혼합해 유화한다.

라비올리 RAVIOLES
청경채 잎을 펼쳐놓고 준비한 소를 조금 얹은 뒤 반으로 접어 싸준다.

완성하기 FINITIONS
만돌린 슬라이서를 사용해 부다즈핸드를 1mm 두께로 얇게 저민다. 볼에 버터, 달걀흰자, 밀가루, 미소된장을 넣고 거품기로 저어 섞는다. 오븐팬 위에 나비 모양 실리콘 패드를 깔고 그 위에 반죽 혼합물을 펴 바른 다음 160℃ 오븐에 넣어 6분간 굽는다.

플레이팅 DRESSAGE
접시 중앙에 미소 시트러스 소스를 담고 청경채 라비올리와 집게발 살, 부다즈핸드 슬라이스를 교대로 보기 좋게 빙 둘러 배치한다. 나비 모양 튀일을 얹어 장식한다.

셰프의 조언

브라운 크랩을 익히기 전 냉동실에 3시간 정도
미리 넣어 기절시켜두면 다루기 용이하다.

깍지콩류 채소

민트 향 완두콩, 천도복숭아, 라즈베리, 오징어 말이

DÉCLINAISON DE PETITS POIS MENTHOLÉS, BRUGNONS MARBRÉS DE FRAMBOISES ET ROULEAUX D'ENCORNETS

6인분

준비
2시간

조리
1시간

도구
블렌더
고운 원뿔체
체
수비드 기계

재료

완두콩 퓌레
신선 완두콩 2kg
포도씨유 250ml
민트 에센스오일 2방울
액상 생크림(유지방 35%) 50ml

가니시 부재료
천도복숭아 2개
뿌리결절 처빌 3개
생라즈베리 100g
포도씨유 400ml
소금

오징어
오징어 6마리
돼지 기름(라드) 60g
밀가루 100g
튀김 기름

완성, 플레이팅
완두콩 새순 줄기 12개
매리골드 식용꽃 3개
생라즈베리 6~12개

완두콩 퓌레 PURÉE DE PETITS POIS
완두콩의 깍지를 모두 깐다(p.48 테크닉 참조). 끓는 물에 완두콩 깍지를 데친 뒤 체에 건진다. 블렌더에 물기를 제거한 완두콩 깍지를 넣고 포도씨유를 재료 높이만큼 넣은 뒤 갈아 혼합한다. 고운 체에 걸러 기름을 받아낸다. 끓는 소금물에 완두콩을 삶은 뒤 얼음물에 넣어 식힌다. 삶은 완두콩의 반과 생크림을 블렌더로 간 다음 퓌레를 고운 체에 넣고 긁어 내린다. 완두콩의 나머지 반은 걸러둔 완두콩 깍지 오일, 민트 에센스오일을 2방울 넣고 고루 버무려준다.

가니시 부재료 GARNITURE
천도복숭아와 뿌리결절 처빌의 껍질을 벗긴 뒤 세로로 등분한다. 라즈베리를 으깨둔다. 천도복숭아와 뿌리결절 처빌을 각각 따로 수비드용 파우치에 넣은 뒤 으깬 생라즈베리, 포도씨유를 반씩 나누어 넣는다. 소금을 한 꼬집씩 넣어준다. 파우치를 진공 밀봉한 다음 95℃로 세팅한 스팀 오븐 또는 찜기에 넣고 천도복숭아는 5분, 뿌리결절 처빌은 15분간 익힌다.

오징어 말이 ENCORNETS
오징어의 다리와 몸통을 분리하고 뼈를 제거한다. 깨끗이 씻어 다듬은 뒤 몸통살을 길게 갈라 납작하게 편다. 오징어 살에 잘게 칼집을 넣은 뒤 라드를 두른 논스틱 팬에 넣고 지진다. 오징어가 열에 닿으면 저절로 돌돌 말린다. 오징어 다리는 밀가루를 묻힌 뒤 180℃로 예열한 기름에 넣어 노릇하게 튀긴다. 건져서 종이타월에 놓고 여분의 기름을 뺀다.

플레이팅 DRESSAGE
접시 중앙에 완두콩 퓌레를 깔고 그 위에 민트 향 완두콩을 얹는다. 오징어와 가니시 재료들을 보기 좋게 담는다. 완두콩 줄기, 매리골드 꽃, 생라즈베리를 얹어 장식한다.

잠두콩 팔라펠과 할루미 치즈 구이
FALAFELS DE FÈVES ET HALLOUMI GRILLÉ

6인분

준비
30분

조리
15분

절임
20분

도구
망 건지개
그릴팬
푸드 프로세서

재료

팔라펠
신선 잠두콩 400g
줄기양파 1대
마늘 3톨
이탈리안 파슬리 1단
고수 1단
물 3테이블스푼
커민 가루 1테이블스푼
고수씨 가루 1테이블스푼
볶은 참깨 2테이블스푼
베이킹파우더 1티스푼
소금, 후추
튀김 기름

차지키
오이 1개
플레인 그릭 요거트 400g
마늘 1톨
레몬 1/2개
민트 잎 10장
올리브오일
소금, 후추

할루미 치즈 구이
할루미 치즈 슬라이스 18장
올리브오일
생오레가노 3줄기

완성, 플레이팅
익힌 잠두콩 50g
홍고추 1개
미니 오이 슬라이스 18장
올리브오일
에스플레트 고춧가루

팔라펠 FALAFELS
잠두콩의 깍지를 깐다(p.48 테크닉 참조). 콩을 끓는 소금물에 재빨리 데친 뒤 얼음물에 식힌다. 속껍질을 벗긴다. 푸드 프로세서에서 줄기양파, 마늘, 이탈리안 파슬리, 고수를 넣고 간다. 여기에 잠두콩을 넣고 굵직하게 간다. 너무 뻑뻑하면 물을 조금 첨가한다. 소금, 후추, 커민 가루, 고수씨 가루, 참깨를 넣어 양념한다. 베이킹파우더를 넣어준다. 농도가 너무 뻑뻑하면 다시 물을 조금 첨가하고 너무 질면 밀가루를 조금 넣어 조절한다. 반죽 혼합물을 기름에 조금 넣어 튀겨보면 적당한 농도를 맞출 수 있다. 팔라펠 반죽을 손으로 동글납작하게 빚는다(지름 4cm, 두께 2cm 정도). 우묵한 팬에 튀김 기름을 예열한다. 건짐망을 이용해 팔라펠을 기름에 넣고 양면이 고루 노릇하게 익도록 튀긴다. 건져서 종이타월에 놓아 여분의 기름을 뺀다. 소금을 뿌린다.

차지키 TZATZIKI
오이의 껍질을 벗긴 뒤 채칼이나 강판으로 가늘게 간다. 볼에 넣고 소금을 뿌린 뒤 20분간 절인다. 손으로 오이를 꼭 짜 물기를 제거한 다음 요거트, 곱게 다진 마늘, 레몬즙, 잘게 썬 민트 잎, 약간의 올리브오일을 넣고 섞는다. 소금, 후추로 간한 뒤 냉장고에 보관한다.

할루미 치즈 구이 HALLOUMI GRILLÉ
할루미 치즈에 올리브오일을 조금 뿌린 뒤 뜨겁게 달군 그릴 팬에 슬쩍 굽는다. 오레가노 잎을 고루 뿌린다.

플레이팅 DRESSAGE
접시에 차지키 소스를 조금씩 세 군데 놓고 팔라펠 3개, 할루미 치즈 3장을 보기 좋게 배치한다. 익힌 잠두콩을 몇 개 올리고 얇게 썬 홍고추, 오이 슬라이스를 얹어준다. 올리브오일을 몇 방울 뿌리고 에스플레트 고춧가루를 솔솔 뿌려 완성한다.

스노피 루아얄, 명태 살 어묵

ROYALE DE POIS GOURMANDS, GODIVEAUX DE MERLAN

6인분

준비
1시간

냉동
30분

조리
1시간

도구
원뿔체
핸드 블렌더
실리콘 틀(12구 크넬 또는 기타 원하는 모양)
푸드 프로세서
체

재료

스노피 루아얄
스노피 180g
소금 4g
달걀 1개
달걀노른자 2개
액상 생크림(유지방 35%) 50ml

루콜라 크림
루콜라 50g
채소 육수 100ml
액상 생크림(유지방 35%) 100ml
소금, 후추

명태 살 어묵
명태 살 250g
상온의 포마드 버터 30g
달걀흰자 10g
액상 생크림(유지방 35%) 125ml
소금, 후추

스노피
스노피 400g

완성, 플레이팅
꼬막 200g
아브루가(인조 캐비아) 20g
타라곤 잎 18장

스노피 루아얄 ROYALE DE POIS GOURMANDS

소금을 충분히 넣은 끓는 물에 스노피를 넣고 푹 익힌다. 건진 뒤 바로 얼음물에 넣어 식힌다. 스노피를 푸드 프로세서에 넣고 간 다음 고운 체에 넣고 긁어내린다. 스노피 퓌레 150g을 따로 덜어내 보관한다. 나머지 퓌레에 달걀, 달걀노른자, 생크림을 넣어 섞은 뒤 소금, 후추로 간을 맞춘다. 크넬 모양 실리콘 틀에 퓌레 크림을 채워 넣은 뒤 75℃ 스팀 오븐 또는 찜기에 넣고 35분간 익힌다. 틀에서 쉽게 분리할 수 있도록 냉동실에 30분간 넣어둔다.

루콜라 크림 CRÈME DE ROQUETTE

끓는 소금물에 루콜라를 넣고 30초간 데친 뒤 찬물에 넣어 식힌다. 물기를 제거한 루콜라에 채소 육수와 생크림을 넣고 핸드 블렌더로 갈아준다. 약불에 올려 5분간 졸인다. 체에 거른 뒤 간을 맞춘다. 농도는 스푼으로 떠올렸을 때 묽게 흘러내리지 않고 스푼 뒷면에 묻어 남을 정도가 되어야 한다.

명태 살 어묵 GODIVEAUX DE MERLAN

명태 살을 푸드 프로세서에 넣고 간다. 여기에 상온의 부드러운 버터와 달걀흰자를 넣고 함께 갈아 혼합한다. 혼합물을 체에 놓고 주걱으로 긁어 곱게 내린다. 혼합물이 담긴 볼을 얼음이 담긴 볼 위에 놓고 생크림을 넣어 섞어준다. 간을 맞춘다. 랩을 6장 준비한 다음 그 위에 혼합물을 나누어 덜어놓고 돌돌 말아가는 원통형으로 만든다. 85℃ 스팀 오븐 또는 찜기에 넣고 8~10분간 익힌다. 식힌 뒤 서빙 전까지 냉장고에 보관한다.

스노피 POIS GOURMANDS

끓는 소금물에 스노피를 넣고 익힌다(p.90 테크닉 참조). 건져서 물기를 제거한다. 스노피를 조금씩 겹쳐가며 몇 개를 나란히 놓은 다음 15 x 6cm 크기의 직사각형으로 자른다. 유산지를 깐 오븐팬 위로 조심스럽게 옮겨 놓은 뒤 서빙 바로 전 스팀 오븐에서 살짝 데워준다.

완성하기 FINITIONS

꼬막의 껍질을 연 다음 85℃ 스팀 오븐이나 찜기에 넣어 3분간 익힌다.

플레이팅 DRESSAGE

스노피 루아얄을 스팀 오븐이나 찜기에서 살짝 데운 뒤 루콜라 크림을 발라 씌운다. 각 접시에 직사각형으로 준비해둔 스노피를 깐 다음 그 위에 스노피 루아얄을 3개씩 놓는다. 명태 살 어묵을 잘라 3조각씩 얹고 꼬막 조갯살을 몇 개 놓는다. 아브루가 캐비아와 타라곤 잎을 올려 완성한다. 루콜라 크림을 조금씩 짜 놓는다.

샬롯과 헤이즐넛을 곁들인 그린빈스 샐러드
SALADE DE HARICOTS VERTS, ÉCHALOTES ET NOISETTES DU PIÉMONT

6인분

준비
30분

조리
10분

재료
그린빈스 1.2kg
탄산수(high sodium sparkling water)
천일염 40g
샬롯 큰 것 2개
피에몬테 헤이즐넛 150g
차이브 2단

비네그레트 드레싱
바롤로 와인 식초 50ml
헤이즐넛 오일 100ml
소금(플뢰르 드 셀)
그라인드 후추

그린빈스의 양끝을 다듬은 뒤(p.49 테크닉 참조) 찬물에 씻는다. 탄산수에 20분간 담가둔다.

냄비에 물을 끓인 뒤 천일염을 넣어준다. 여기에 그린빈스를 넣고 아삭할 정도로 익힌(p.90 테크닉 참조) 뒤 얼음물에 식힌다. 건져둔다.

샬롯의 껍질을 벗긴 뒤 링 모양으로 얇게 싼다. 찬물에 헹궈둔다.

유산지를 깐 오븐팬에 헤이즐넛을 한 켜로 펼쳐 놓은 뒤 120~130℃로 예열한 오븐에 넣어 5~8분간 로스팅한다.

차이브를 얇게 송송 썬다.

비네그레트 드레싱 VINAIGRETTE
볼에 와인 식초와 헤이즐넛 오일을 넣고 잘 섞는다. 소금, 후추를 넣어 간한다.

플레이팅 DRESSAGE
그린빈스에 비네그레트 드레싱을 넣고 고루 버무린 다음 구운 헤이즐넛, 링 모양으로 썬 샬롯, 잘게 썬 차이브를 뿌려 완성한다.

셰프의 조언

그린빈스를 탄산수에 담가두면 더 연해지고
색을 선명하게 유지할 수 있다.

맛조개와 버섯을 넣은 흰 강낭콩 스튜
RAGOÛT DE COCOS DE PAIMPOL, COQUILLAGES ET CHAMPIGNONS

6인분

준비
40분

조리
30분

재료

강낭콩, 버섯
흰 강낭콩(coco de Paimpol) 2kg
양송이버섯 500g
꾀꼬리버섯(girolles) 200g
샬롯 2개
소금, 후추

맛조개 마리니에르 소스
맛조개 1kg
샬롯 25g
화이트와인 200ml

스튜 국물
채소 육수 1리터
초리조 15g
버터 100g

완성, 플레이팅
바질
차이브
크루통(선택)

강낭콩, 버섯 HARICOTS ET CHAMPIGNONS
강낭콩의 깍지를 깐다(p.48 테크닉 참조). 버섯을 모두 다듬어 재빨리 씻은(p.35 테크닉 참조) 뒤 약 5mm 크기 마세두안으로 잘게 깍둑 썬다(p.65 테크닉 참조). 샬롯의 껍질을 벗긴 뒤 잘게 썬다. 뜨겁게 달군 팬에 버터를 녹인 뒤 샬롯과 버섯을 넣고 볶는다.

맛조개 마리니에르 소스 MARINIÈRE
맛조개를 씻은 뒤 껍데기를 열어준다. 샬롯의 껍질을 벗긴 뒤 잘게 썬다. 맛조개와 샬롯을 냄비에 넣고 중불에 올린다. 화이트 와인을 넣은 뒤 뚜껑을 닫고 3~4분간 끓인다. 맛조개 살을 발라내어 작게 깍둑 썬다.

스튜 SOUPE
채소 육수에 강낭콩을 넣고 20분간 익힌다. 초리조를 브뤼누아즈로 작게 썬 다음(p.60 테크닉 참조) 팬에 천천히 볶아 기름이 나오도록 한다. 강낭콩에 소금, 후추로 간을 한 다음 버섯, 초리조, 잘게 썬 맛조갯살을 넣고 섞는다.

플레이팅 DRESSAGE
뜨겁게 데워둔 우묵한 접시에 스튜를 담는다. 잘게 썬 허브를 뿌린다. 기호에 따라 크루통을 첨가해도 좋다.

버섯류

크리스피 크리미 양송이버섯과 커피 롤 케이크

DESSERT MOELLEUX ET CROUSTILLANT AUTOUR DU CAFÉ ET DU
CHAMPIGNON DE PARIS

10인분

준비
2시간

건조
하룻밤

조리
2시간

도구
핸드믹서
블렌더
푸드 프로세서
만돌린 슬라이서
전동 스탠드 믹서
주방용 붓
짤주머니 + 지름
4~5mm 원형깍지
체
실리콘 패드
조리용 온도계

재료
양송이버섯 150g
슈거파우더

커피 제누아즈 스펀지
달걀 350g
설탕 250g
물 30ml
캐러멜 시럽 7ml
액상 커피 엑스트렉트
1g
인스턴트 커피 분말 6g
밀가루 190g
베이킹파우더 3g

커피 버터 크림
이탈리안 머랭
설탕 145g
물 80ml
달걀흰자 75g
크렘 앙글레즈
저지방우유 115ml
설탕 115g
달걀노른자 90g
버터 500g
커피 엑스트렉트 또는
커피 향

헤이즐넛 머랭
슈거파우더 65g
설탕 65g
헤이즐넛 가루 65g
달걀흰자 125g
설탕 125g

커피 시럽
에스프레소 커피
150ml
설탕 8g

헤이즐넛 크림
크렘 파티시에 250g
헤이즐넛 프랄리네
150g
판 젤라틴 2장
액상 생크림(유지방
35%) 100ml

완성, 플레이팅
양송이버섯 5개

하루 전, 양송이버섯을 씻은 뒤 얇게 썰어(p.55 테크닉 참조) 60℃ 오븐에 넣고 하룻밤 동안 건조시킨다. 다음 날 블렌더로 갈아 가루로 만든다.

커피 제누아즈 스펀지 BISCUIT GÉNOIS AU CAFÉ
볼에 달걀과 설탕을 넣고 핸드믹서 거품기를 돌려 색이 뽀얗게 변할 때까지 섞는다. 물, 캐러멜, 커피 엑스트렉트, 인스턴트 커피가루를 넣고 계속 섞는다. 베이킹파우더와 함께 체에 친 밀가루를 넣고 주걱으로 잘 섞어준다. 실리콘 패드를 깐 베이킹 팬에 반죽을 붓고 얇게 펼친 다음 240℃ 오븐에서 2분간 굽는다. 오븐에서 꺼낸 뒤 바로 슈거파우더를 뿌린다. 식힌다. 뜨거운 에스프레소 커피에 설탕을 녹여 시럽을 만들어둔다.

버터 크림 CRÈME AU BEURRE
이탈리안 머랭을 만들기 위해 물과 설탕을 118℃까지 끓여 시럽을 만든다. 그동안 전동 스탠드 믹서 볼에 달걀흰자를 넣고 돌려 거품을 올린다. 달걀흰자 거품이 어느 정도 단단히 올라오면 계속 거품기를 돌리면서 온도에 달한 뜨거운 시럽을 가늘게 부어준다. 머랭이 식을 때까지 계속 거품기를 돌린다. 냄비에 우유를 넣고 끓을 때까지 가열한다. 다른 볼에 달걀노른자와 설탕을 넣고 뽀얀 색이 날 때까지 거품기로 휘저어 섞는다. 여기에 뜨거운 우유를 조금 넣어 거품기로 잘 섞은 다음 다시 냄비로 모두 옮겨 붓는다. 계속 저으며 84℃가 될 때까지 가열한다. 완성된 크렘 앙글레즈를 살짝 식힌 뒤 상온의 버터에 넣어 섞는다. 핸드믹서 거품기로 모두 잘 섞어 부드러운 크림을 만든다. 여기에 이탈리안 머랭을 넣고 알뜰주걱으로 살살 섞어준다. 커피로 향을 낸다.

헤이즐넛 머랭 MERINGUE NOISETTE
슈거파우더, 설탕, 헤이즐넛 가루를 블렌더나 푸드 프로세서에 넣고 갈아 아주 고운 가루를 만든다. 거품기를 장착한 전동 스탠드 믹서 볼에 달걀흰자를 넣고 돌려 거품을 올린다. 설탕을 조금씩 넣어가며 계속 돌린다. 여기에 헤이즐넛 가루 혼합물을 넣고 알뜰주걱으로 살살 섞어준다. 짤주머니에 넣고 실리콘 패드를 깐 오븐 팬 위에 긴 막대 모양으로 짜 놓는다. 130℃ 오븐에 넣어 완전히 건조될 때까지 굽는다.

커피 시럽 바르기 IMBIBAGE CAFÉ
커피 제누아즈 스펀지 시트 위에 붓으로 커피 시럽을 발라 적셔준다.

헤이즐넛 크림 CRÈME NOISETTE
냄비에 크렘 파티시에와 헤이즐넛 프랄리네(스프레드)를 넣고 데워준다. 미리 찬물에 불린 뒤 꼭 짠 판 젤라틴을 여기에 넣고 잘 섞어 녹인다. 식힌다. 생크림을 거품기로 세게 휘저어 휘핑한 다음 크림 혼합물에 넣고 주걱으로 살살 섞어준다.

조립하기 MONTAGE
커피 시럽을 적신 스펀지 시트 위에 버터 크림을 펼쳐 바른다. 생양송이버섯을 얇게 저민 뒤 버터 크림 위에 얹고 스펀지 시트를 단단하게 말아준다. 이 롤 케이크에 버터 크림을 발라 덮어준 다음 작게 부순 머랭 부스러기 위에 굴려 묻힌다. 2cm 두께로 슬라이스한다.

플레이팅 DRESSAGE
서빙용 접시 바닥에 붓으로 헤이즐넛 크림을 동그랗게 발라주고 짤주머니를 이용해 군데군데 조금씩 짜 놓는다. 얇게 썬 생양송이버섯 슬라이스를 몇 개 놓는다. 롤 케이크를 몇 조각 배치한 뒤 버섯가루를 살짝 뿌려 완성한다.

지롤버섯 크림 수프, 퍼펙트 에그
CRÉMEUX DE GIROLLES ET ŒUF PARFAIT

6인분

준비
15분

조리
1시간

도구
원뿔체
지름 6cm 원형 커터
핸드 블렌더

재료

지롤버섯 크림 수프
지롤버섯(꾀꼬리버섯) 400g
샬롯 1개
오리 기름 60g
흰색 닭 육수 200ml
액상 생크림(유지방 35%) 200ml

퍼펙트 에그
유기농 신선 달걀(대란) 6개

가니시용 부재료
훈제 오리 가슴살 1개
지롤버섯 200g
식빵 슬라이스 6장
오리 기름

완성, 플레이팅
차이브(잘게 썬다) 1단
적시소 잎 1팩
헤이즐넛 50g

지롤버섯 크림 수프 CRÉMEUX DE GIROLLES
지롤버섯의 흙을 털고 닦아낸 다음 물에 재빨리 씻는다(p.35 테크닉 참조). 샬롯의 껍질을 벗긴 뒤 잘게 썬다(p.55 테크닉 참조). 냄비에 오리 기름을 녹인 뒤 샬롯을 넣고 색이 나지 않게 볶는다. 여기에 지롤 버섯을 넣고 몇 분간 수분이 나오도록 볶은 뒤 닭 육수를 붓는다. 약하게 끓는 상태를 유지하며 10분간 끓인다. 핸드 블렌더로 갈아준 다음 체에 거른다. 냄비로 옮기고 생크림을 넣은 뒤 다시 끓어오를 때까지 가열한다. 소금, 후추로 간을 맞춘다.

퍼펙트 에그 ŒUFS PARFAITS
달걀을 63℃ 스팀 오븐이나 찜기에 1시간 동안 익힌다. 달걀을 조심스럽게 깨서 식초를 넣은 뜨거운 물에 넣어 응고시킨다. 조심스럽게 건져 서빙한다.

가니시용 부재료 GARNITURE
오리 가슴살을 얇게 썬다. 팬에 오리 기름을 두른 뒤 지롤버섯을 넣고 센 불에서 재빨리 볶는다. 식빵을 원형 쿠키커터로 잘라내 6장의 동그란 크루통을 만든다. 크루통을 오리 기름을 두른 팬에 튀기듯이 지져낸다.

플레이팅 DRESSAGE
우묵한 접시에 지롤버섯 크림 수프를 담고 중앙에 크루통을 놓는다. 그 위에 달걀을 얹어준다. 돌돌 만 오리 가슴살, 볶은 지롤버섯, 잘게 썬 차이브, 적시소 잎, 헤이즐넛을 보기 좋게 빙 둘러 배치한다.

마늘, 차이브 샹티이 크림을 곁들인 포치니 타르틀레트

TARTELETTES AUX CÈPES, CHANTILLY AIL ET CIBOULETTE

4인분

준비
1시간

조리
1시간

휴지
30분

냉장
1시간 10분

도구
지름 8cm 타르트 링 4개
스크레이퍼
주방용 붓
전동 스탠드 믹서
베이킹용 밀대
체

재료

타르트 시트 반죽
밀가루 250g
버터 125g
차가운 물 60ml
소금 5g
달걀노른자 1개
식용 숯가루 20g

포치니 셀러리악 필링
셀러리악 150g
푸아그라 100g
포치니버섯 600g
잘게 썬 샬롯 30g
버터 10g
흰색 닭 육수100ml
이탈리안 파슬리
1테이블스푼

버섯 토핑
포치니버섯 400g
정제버터
소금

마늘 차이브 샹티이 크림
액상 생크림(유지방 35%) 400ml
마늘 퓌레 50g
차이브 1/2단
소금, 후추

완성, 플레이팅
더블크림 150ml
포피시드(양귀비씨) 1티스푼
샐러드 버넷 (서양오이풀) 1/2팩
적시소 1/2팩
튀긴 양파 2테이블스푼
포치니버섯 가루
미니 포치니버섯 4개

타르트 시트 반죽 PÂTE À TARTE

밀가루를 체에 쳐서 작업대에 놓는다. 버터를 작게 썰어 밀가루 위에 놓고 모래처럼 부슬부슬하게 섞는다. 중앙에 우묵한 공간을 만든 다음 소금, 물, 달걀노른자를 넣고 스크레이퍼로 밀가루와 버터 반죽을 모아준다. 손바닥으로 누르듯이 끊고 밀어가며 반죽한다. 반죽의 1/3을 떼어내 식용 숯가루와 섞어준다. 두 가지 색의 반죽을 각각 둥글게 뭉친 다음 랩을 씌워 냉장고에서 30분간 휴지시킨다. 반죽이 어느 정도 단단해지면서 탄성을 잃게 된다. 반죽 덩어리를 두 장의 유산지 사이에 넣고 각각 두께 5mm로 밀어준다. 무색의 반죽을 지름 8cm 링으로 찍어 4장의 원형을 만든 뒤 타르트 틀 안에 그대로 넣은 상태로 냉장고에 20분간 넣어둔다. 두 종류의 반죽을 1cm 폭으로 길게 각각 한 개씩 잘라낸다. 붓으로 가장자리에 물을 묻혀 두 가지 색의 띠를 넓은 폭으로 이어 붙여준다. 이 띠를 타르트 링의 둘레에 맞게 잘라준다. 원형 타르트 시트 가장자리에 물을 바른 뒤 이 띠를 타르트 링 내벽에 둘러준다. 바닥과의 이음새 부분을 잘 눌러 붙여준다. 여유분은 칼로 깔끔하게 잘라낸다. 냉장고에 20분간 넣어 살짝 말린 뒤 160℃ 오븐에 넣어 15분간 초벌로 구워낸다.

포치니 셀러리악 필링 GARNITURE CÈPES CÉLERI

셀러리악의 껍질을 벗긴 뒤 브뤼누아즈로 잘게 깍둑 썬다(p.60 테크닉 참조). 레몬물에 담가 갈변을 방지한다. 팬을 뜨겁게 달군 뒤 푸아그라를 넣고 센 불에서 재빨리 지진다. 종이타월로 기름을 제거한 다음 브뤼누아즈로 작게 깍둑 썬다(p.60 테크닉 참조). 버섯도 흙과 불순물을 깨끗이 닦아내고(p.35 테크닉 참조) 마찬가지로 잘게 깍둑 썬 다음 버터를 두른 팬에 볶아 건져둔다. 샬롯을 잘게 썬 다음 버터를 두른 팬에 색이 나지 않게 볶는다. 여기에 셀러리악을 넣고 함께 볶아준다. 닭 육수를 넣고 살캉하게 익힌다. 미리 다져 놓은 파슬리, 잘게 썬 푸아그라를 넣어준다. 소금, 후추로 간을 맞춘다. 볶아둔 버섯을 넣고 재료를 모두 잘 섞어준다.

버섯 토핑 CHAMPIGNONS

포치니버섯의 흙과 불순물을 깨끗이 닦아준 다음 얇게 저민다. 정제버터를 두른 팬에 넣고 색이 나지 않게 살짝 볶아준다.

마늘 차이브 샹티이 크림 CHANTILLY AIL CIBOULETTE

거품기로 생크림을 너무 단단하지 않게 휘핑한다. 마늘 퓌레와 잘게 썬 차이브, 소금, 후추를 넣고 잘 섞어준다.

플레이팅 DRESSAGE

타르틀레트 시트 안에 포치니버섯과 셀러리악 필링를 넣어 채운다. 그 위에 볶은 포치니버섯 슬라이스를 보기 좋게 겹쳐 얹는다. 타르틀레트를 160℃ 오븐에 넣어 5분간 굽는다. 미니 포치니버섯을 4등분으로 잘라 정제버터에 노릇하게 튀기듯 볶는다. 더블크림에 물을 조금 넣어 풀어준 다음 접시 위에 달팽이 모양으로 짜 놓는다. 그 위에 포피시드를 뿌린 뒤 타르틀레트를 놓는다. 볶은 미니 포치니버섯을 고루 배치한다. 샹티이 크림을 크넬 모양으로 떠서 곁들인다. 허브, 튀긴 양파를 보기 좋게 얹은 뒤 버섯 가루를 뿌려준다.

셰프의 조언

차이브는 짓이기듯 다지면 산화되어 갈변되기 쉬우니
잘 드는 칼로 잘게 썰어준다.

샹트렐버섯 플랫 오믈렛
OMELETTE PLATE AUX CHANTERELLES

4인분

준비
20분

조리
10분

도구
거품기
프라이팬

재료
샹트렐(꾀꼬리버섯) 400g
버터 50g
샬롯 1개
다진 이탈리안 파슬리 1테이블스푼
오리 모래집 콩피 100g
콩테 치즈 100g
방울양파 100g
우유 100ml
밀가루 100g
튀김 기름

브레드 튀일
흰색 닭 육수 160ml
밀가루 20g
카놀라유 60ml
소금 한 꼬집

오믈렛
달걀 12개
소금, 후추

완성, 플레이팅
쪽파 2줄기
와일드 루콜라 50g
올리브오일

가니시용 부재료 GARNITURE
샹트렐버섯의 흙을 털고 깨끗이 닦아준다(p.35 테크닉 참조). 팬에 버터를 두른 뒤 버섯과 샬롯을 넣고 볶는다. 마지막에 다진 파슬리(p.54 테크닉 참조)를 넣어준다. 따뜻하게 보관한다. 오리 모래집을 얇게 썰어 오리 기름에 넣고 데운다. 콩테 치즈는 일정한 크기로 깍둑 썬다. 방울양파를 일정한 굵기의 링으로 썬다음 우유에 담갔다 건져 밀가루를 묻힌다. 160℃로 예열한 기름에 노릇하게 튀긴다. 건져서 종이타월에 놓아 여분의 기름을 뺀 뒤 뜨거울 때 소금을 뿌린다.

브레드 튀일 TUILE DE PAIN
재료를 모두 섞는다. 논스틱 팬을 뜨겁게 달군 뒤 혼합한 반죽 3테이블스푼을 부어 펼쳐 놓는다. 노릇한 색이 나고 바삭해질 때까지 굽는다.

오믈렛 OMELETTE
달걀을 풀어 간을 한다. 팬에 샹트렐버섯 일부를 넣고 데운 뒤 풀어 놓은 달걀을 그 위에 붓는다. 달걀이 완전히 굳지 않고 아직 약간 흐르는 듯한 상태로 남아 있을 때까지 익힌다. 잘라둔 콩테 치즈, 오리 모래집, 나머지 샹트렐버섯을 넣어준다.

플레이팅 DRESSAGE
오믈렛 위에 잘게 썬 쪽파 녹색 부분, 튀긴 양파 링, 올리브오일을 조금 넣어 드레싱한 야생 루콜라를 얹어낸다. 바삭한 튀일을 굵게 부수어 몇 조각 얹어준다.

성게알 느타리버섯 카푸치노

CAPPUCCINO IODÉ D'OURSIN ET PLEUROTE

10인분

준비
1시간

조리
10분

도구
블렌더
고운 원뿔체
마이크로플레인 그레이터
휘핑 사이펀 + 가스 캡슐

재료

성게알
성게 30마리
굵은소금
올리브오일

느타리버섯 에스푸마
커피 찌꺼기에 키운 느타리버섯 1kg
액상 생크림(유지방 35%) 500ml
에스프레소 커피 20ml
올리브오일
소금, 후추

완성, 플레이팅
땅콩 150g
그레이터에 간 커피 원두

성게 OURSINS
성게의 껍질을 잘라낸 뒤 생식소(알)를 꺼내 냉장고에 보관한다. 성게 껍데기 안쪽을 깨끗이 씻은 뒤 종이타월 위에 뒤집어 놓아 물기를 제거한다.

느타리버섯 에스푸마 ESPUMA DE PLEUROTE
느타리버섯의 흙과 불순물을 털어내고 깨끗이 닦은(p.35 테크닉 참조) 뒤 얇게 썬다(p.55 테크닉 참조). 뜨겁게 달군 팬에 올리브오일을 두른 뒤 버섯을 넣고 센 불에서 재빨리 볶는다. 반은 건져내 플레이팅용으로 따로 남겨둔다. 나머지 버섯에 생크림을 넣어 디글레이즈 한 뒤 약불로 졸인다. 블렌더에 넣고 갈아준 뒤 고운 체에 거른다. 여기에 커피를 넣어준다. 소금, 후추로 간을 맞춘다. 휘핑 사이펀에 채워 넣고 가스 캡슐을 장착한다. 상온에 보관한다.

플레이팅 DRESSAGE
서빙 바로 전, 성게알을 올리브오일에 살짝 데운 다음 껍데기 안에 넣고 볶은 느타리버섯과 굵직하게 부순 땅콩을 넉넉히 채워 넣는다. 느타리버섯 에스푸마를 짜 얹은 뒤 강판에 간 커피 원두를 뿌려 완성한다.

표고버섯 샌드
SHIITAKÉS BRAISÉS

6인분

준비
30분

조리
40분

도구
지름 4cm 원형 커터

재료
표고버섯 큰 것 18개

버섯 뒥셀
표고버섯 600g
샬롯 150g
생햄(프로슈토, 하몬
등) 슬라이스 5장
타라곤 1단
쪽파 2단
잣 100g
버터 50g
드라이 화이트와인
100ml
달걀 1개
닭 육즙 소스 50ml
소금(플뢰르 드 셀)
그라인드 후추

완성, 플레이팅
버터 50g
오레가노 잎
치커리 속잎
닭 육즙 소스 300ml

표고버섯 SHIITAKÉS
큰 사이즈의 표고버섯을 준비해 씻은 뒤 끓는 물에 넣고 30초간 데친다. 건져둔다.

버섯 뒥셀 DUXELLES
표고버섯 600g을 씻은 뒤 브뤼누아즈로 잘게 깍둑 썬다(p.60 테크닉 참조). 샬롯의 껍질을 벗긴 뒤 아주 잘게 썬다. 생햄도 브뤼누아즈로 잘게 썬다. 타라곤 잎을 씻은 뒤 잘게 썬다. 쪽파도 씻어서 잘게 송송 썬다. 유산지를 깐 오븐팬에 잣을 펼쳐 놓은 뒤 150℃ 오븐에 넣어 노릇한 색이 날 때까지 로스팅한다. 팬에 버터를 두른 뒤 잘게 썬 샬롯을 넣고 색이 나지 않게 볶는다. 여기에 잘게 썬 표고버섯을 넣고 함께 볶는다. 소금, 후추로 간한다. 화이트와인을 붓고 디글레이즈 한 다음 뚜껑을 덮고 15분 정도 익힌다. 버섯 뒥셀을 볼에 덜어낸 다음 잣, 달걀, 타라곤, 쪽파, 생햄을 넣고 섞어준다. 간을 맞춘다. 닭 육즙 소스(그레이비)를 1테이블스푼 넣고 잘 섞는다.

완성하기 FINITIONS
큰 표고버섯을 원형 커터로 찍어 동그랗게 도려낸 다음 가로로 저며 각각 2장을 만든다. 버터를 두른 팬에 넣고 센 불에서 재빨리 볶는다. 두 장의 버섯 사이에 뒥셀을 조금씩 채워 넣는다.

플레이팅 DRESSAGE
접시에 뒥셀을 채운 표고버섯 샌드를 3개씩 담는다. 오레가노 잎과 치커리를 보기 좋게 얹은 뒤 닭 육즙 소스를 뿌린다.

뿔나팔버섯을 곁들인 파테 앙 크루트
PÂTÉ EN CROUTE AUX TROMPETTES-DE-LA-MORT

8인분

준비
3시간

마리네이드
1일

조리
5시간

도구
정육용 분쇄기
직사각형 틀
(가로 35cm x 세로
7.5cm x 높이 8cm)
전동 스탠드 믹서
주방용 온도계
면포

재료

파테 앙 크루트
크러스트 반죽
버터 350g
소금 10g
설탕 20g
밀가루 500g
달걀 65g
물 85ml

스터핑
오리 1마리
옥수수 사료 먹인 닭
1마리
비둘기 1마리
푸아그라 200g
돼지비계 400g
돼지 항정살 400g
화이트와인 50ml
소금, 후추

뿔나팔버섯
뿔나팔버섯 500g
버터 50g

닭 육수
부케가르니(리크 녹색
부분, 셀러리, 타임,
월계수 잎, 파슬리) 1개
당근 1개
양파 1개
리크 1대
달걀흰자 100g
판 젤라틴 18g

뿔나팔버섯 피클
뿔나팔버섯 400g
메이플시럽 20g
버섯 간장 20ml
셰리와인 식초 30ml
마늘(껍질 안 벗긴 것)
2톨
차이브 1/4단
타라곤 1테이블스푼

완성, 플레이팅
가는 치커리 속잎
완두콩 잎
헤이즐넛

파테 앙 크루트 크러스트 반죽 PÂTE À PÂTÉ EN CROÛTE

전동 스탠드 믹서 볼에 버터, 소금, 설탕, 밀가루를 넣고 플랫비터를 돌려 섞어준다. 여기에 달걀, 물을 넣고 계속 돌려 균일하게 반죽한다. 둥글게 뭉쳐 랩을 씌운 뒤 냉장고에 보관한다.

스터핑 FARCE

닭, 오리, 비둘기의 뼈를 제거한 뒤 가슴살과 다리살을 잘라낸다. 여기에 푸아그라, 돼지비계, 항정살을 더한 뒤 소금, 후추를 솔솔 뿌려 간한다(1kg 기준 소금 10g, 후추 5g). 화이트와인을 넣고 섞어준다. 가슴살과 푸아그라는 따로 보관한다. 다리살과 돼지비계, 항정살을 큼직하게 썬 다음 정육용 분쇄기에 넣고 갈아준다. 가슴살은 1cm 굵기로 길쭉하게 썬다. 푸아그라도 같은 크기로 길게 썬다.

뿔나팔버섯 TROMPETTES-DE-LA-MORT

버섯을 깨끗이 씻는다(p.35 테크닉 참조). 팬에 버터를 두른 뒤 버섯을 넣고 센 불에서 재빨리 볶는다. 건져서 잘게 다진다. 갈아 둔 스터핑 재료에 버섯을 넣고 섞는다.

닭 육수 BOUILLON DE VOLAILLE

큰 냄비에 물을 넣고 닭, 오리, 비둘기의 살을 발라내고 남은 뼈와 날개, 부케가르니를 넣는다. 천천히 끓이며 기름을 중간중간 걷어낸다. 4시간 동안 끓여 육수를 낸 다음 식힌다. 표면에 기름이 떠 응고되도록 냉장고에 넣어 차갑게 보관한다. 당근, 양파의 껍질을 벗긴다. 리크를 깨끗이 씻는다. 채소를 모두 브뤼누아즈로 작게 썬다. 달걀흰자를 휘저어 거품이 일 때까지 풀어준 다음 잘게 썬 채소들을 모두 넣고 섞는다. 차갑게 식은 닭 육수의 기름을 걷어낸 뒤 이 혼합물을 넣어준다. 약불에 올린 뒤 가열한다. 깨끗한 면포에 육수를 걸러 맑게 정화한다. 다시 약불로 가열한다. 찬물에 미리 불린 젤라틴을 꼭 짜서 뜨거운 육수에 넣어 녹인다.

뿔나팔버섯 피클 PICKELS DE TROMPETTES-DE-LA-MORT

뿔나팔버섯을 끓는 물에 살짝 데쳐낸다. 작은 소스팬에 메이플시럽, 간장, 식초, 짓이긴 마늘을 넣고 끓을 때까지 가열한다. 이 양념을 버섯에 붓고 식힌 뒤 냉장고에 넣어 24시간 동안 재운다. 다음 날, 잘게 썬(p.56 테크닉 참조) 차이브와 다진(p.54 테크닉 참조) 타라곤을 넣어준다.

조립하기 MONTAGE

크러스트 반죽을 2~3mm 두께로 민다. 틀 안에 깔 용도로 반죽 시트를 재단해 자르고 뚜껑으로 덮어줄 부분도 따로 잘라둔다. 틀 안쪽에 버터를 바른 뒤 반죽 시트를 바닥과 내벽에 대준다. 스터핑 혼합물을 깔고 길게 잘라둔 고기와 푸아그라를 놓으며 교대로 층층이 채워 넣는다. 뚜껑용으로 준비해 둔 반죽 시트에 길이 방향으로 4개의 구멍을 뚫어준 다음 파테 위에 덮고 둘레를 잘 붙여준다. 알루미늄 포일을 말아 작은 연통을 4개 만든 뒤 표면의 구멍에 끼워 넣는다. 파테를 익히는 동안 고기에서 나오는 수분이 이 구멍을 통해 증발하게 된다. 220℃ 오븐에서 15분간 구워 겉면에 노릇한 색이 나면 온도를 170℃로 낮추고 45분간 더 구워 안쪽을 익힌다. 완성되었을 때 심부 온도는 68℃가 되어야 한다. 닭 육수 즐레를 4개의 구멍을 통해 조금 흘려 넣어 뜨거운 스터핑에 잘 스며들도록 해준다. 식힌 다음 나머지 즐레를 추가로 흘려 넣어 구멍 끝까지 채워준다. 조심스럽게 틀을 제거한다. 재료의 풍미가 잘 어우러지도록 최소 하루 이상 숙성한 다음 먹는다.

플레이팅 DRESSAGE

슬라이스한 파테에 뿔나팔버섯 피클을 곁들여 서빙한다. 치커리 속잎, 완두콩 새순 잎, 헤이즐넛을 고루 얹어 장식한다.

셰프의 조언

전통적 파테 앙 크루트 틀 기준, 일반적으로 스터핑 혼합물 4켜와 길게 자른 고기 건더기 3켜가 들어간다.

턱수염버섯과 본 매로우

PIEDS-DE-MOUTON ET OS À MOELLE

6인분

준비
20분

조리
30분

도구
지름 3cm 꽃모양 쿠키커터
주방용 붓
실리콘 패드 2장

재료

턱수염버섯
턱수염버섯 600g
로스코프(Roscoff) 핑크 양파 1/2개
다진 이탈리안 파슬리 1테이블스푼
버터
소금, 후추

본 매로우
길쭉한 사골 뼈 3개
(정육점에서 반으로 길게 잘라온다)

멜바 토스트
식빵 슬라이스(두께 5mm) 2장
정제버터 50g

시금치
시금치 어린 잎 30g

완성, 플레이팅
이베리코 하몬(pata negra) 슬라이스 6장

턱수염버섯 PIEDS-DE-MOUTON
턱수염버섯의 흙과 불순물을 깨끗이 닦아낸 뒤 재빨리 물에 헹궈 씻는다(p.35 테크닉 참조). 양파의 껍질을 벗긴 뒤 잘게 썬다(p.56 테크닉 참조). 뜨겁게 달군 팬에 버터를 두른 뒤 버섯과 양파를 넣고 센 불에서 복는다. 소금, 후추로 간을 한 다음 다진 파슬리(p.54 테크닉 참조)를 넣어준다.

본 매로우 OS À MOELLE
플레이팅용으로 접시에 올릴 수 있도록 반으로 길게 가른 사골 뼈를 꼼꼼히 닦아준다. 오븐 용기에 사골 뼈를 놓고 180°C 오븐에서 뼈의 굵기에 따라 10~12분간 굽는다. 뜨겁게 보관한다.

멜바 토스트 TOASTS MELBA
쿠키커터를 이용해 식빵을 12개의 꽃모양으로 잘라낸다. 실리콘 패드 위에 한 켜로 놓은 뒤 붓으로 정제버터를 발라준다. 그 위에 실리콘 패드를 한 장 더 덮어준다. 170°C 오븐에서 8분간 굽는다.

시금치 ÉPINARD
시금치 잎을 씻은 뒤 채소 탈수기로 물기를 빼준다(p.28 테크닉 참조).

플레이팅 DRESSAGE
사골 뼈를 오븐에 몇 분간 구운 뒤 그 위에 턱수염버섯을 얹어준다. 파타네그라 하몬, 시금치 잎, 멜바 토스트를 보기 좋게 올려 완성한다.

블랙 트러플 쇼 프루아
DIAMANT TRUFFE NOIRE EN CHAUD-FROID

6인분

준비
1시간

조리
30분

도구
블렌더
만돌린 슬라이서
짤주머니
푸드 프로세서

재료

크리미 치킨 스터핑
닭 가슴살 150g
달걀흰자 50g
액상 생크림(유지방 35%) 100ml
오징어 먹물 5ml

블랙 트러플
검은 송로버섯(각 60g) 6개
송로버섯 오일

감자
감자 큰 것 3개
트러플 오일 20ml
흰색 닭 육수 50ml
갈색 닭 육즙 소스(치킨 그레이비) 100ml
마데이라 와인 20ml
소금(플뢰르 드 셀)
그라인드 후추

트러플 비네그레트
달걀 1개
트러플 머스터드 1테이블스푼
발사믹 식초 20ml
엑스트라버진 올리브오일 50ml
비앙독스(Viandox 농축육수 향미 소스) 1티스푼

크루통
식빵 100g
낙화생유 100ml
소금

완성, 플레이팅
노랑 치커리 속잎 200g
처빌 1/4단
식용 금박 1장(선택)

크리미 치킨 스터핑 FARCE FINE DE VOLAILLE
닭 가슴살, 달걀흰자, 액상 생크림을 푸드 프로세서에 넣고 간다. 혼합물을 체에 놓고 곱게 긁어내린다. 오징어 먹물을 넣고 잘 섞은 뒤 짤주머니에 채워 넣는다.

블랙 트러플 DIAMANT DE TRUFFES NOIRES
송로버섯을 붓으로 털어 깨끗이 닦은 다음 껍질을 벗긴다. 만돌린 슬라이서를 이용해 1mm 두께로 얇게 썬다. 남은 자투리는 비네그레트 소스용으로 보관한다. 송로버섯 슬라이스에 크리미 치킨 스터핑을 조금씩 올린 뒤 켜켜이 쌓아올려 송로버섯 원 형태로 재조립한다. 랩으로 싸서 모양을 잡아준다. 찜기에 넣어 15분간 익힌다. 완전히 식은 다음 랩을 벗기고 송로버섯 오일을 발라준다.

감자 POMMES DE TERRE
감자를 껍질째 삶아 건진다. 껍질을 벗긴 뒤 지름 5cm, 두께 1cm 크기의 원형으로 자른다. 감자를 바트에 담고 트러플 오일과 닭 육수 50ml를 넣어준다. 소금, 후추로 간한다. 작은 소스팬에 갈색 닭 육즙 소스와 마데이라 와인을 넣고 글레이즈 농도가 되도록 졸인다. 이 소스를 감자에 넣고 윤기나게 데운다.

트러플 비네그레트 VINAIGRETTE À LA TRUFFE
달걀을 6분간 삶아 반숙으로 익힌다. 껍질을 깐 다음 트러플 머스터드 1테이블스푼, 송로버섯 자투리를 넣고 블렌더로 갈아준다. 발사믹 식초를 넣고 섞은 다음 올리브오일을 조금씩 흘려 넣으며 갈아 혼합한다. 비앙독스를 칼끝으로 소량만 넣어준다.

크루통 CROÛTONS
식빵을 사방 5mm 크기의 작은 주사위 모양으로 자른다. 팬에 식용유를 달군 뒤 크루통을 넣어 튀긴다. 건져서 종이타월에 놓고 기름을 빼준 다음 소금을 뿌린다.

완성하기 FINITIONS
노란색 치커리 잎을 씻은 뒤 얇은 속잎만 추려낸다. 처빌을 씻어둔다.

플레이팅 DRESSAGE
소스를 넣고 윤기나게 데운 감자를 접시에 담고 비네그레트로 드레싱한 샐러드를 빙 둘러 놓는다. 송로버섯을 반으로 잘라 감자 위에 놓고 식용 금박으로 장식한다. 크루통을 샐러드 위에 고루 뿌리고 처빌 잎을 얹어 완성한다.

초절임 만가닥버섯, 군만두, 푸아그라

CHAMPIGNONS SHIMEJI AU VINAIGRE, RAVIOLES CROUSTILLANTES ET FOIE GRAS

10인분

준비
2시간

조리
50분

도구
원뿔체
마이크로플레인 그레이터
조리용 온도계

재료
오리 푸아그라 덩어리 2개
고운 소금

버섯 초절임
흰색 만가닥버섯 1팩(150g)
갈색 만가닥버섯 1팩(150g)
갈색 맑은 닭 육수 300ml
화이트 식초 15ml
설탕 1꼬집
헤이즐넛 오일 1티스푼
소금

군만두
닭 가슴살 2개
껍질 깐 왕새우 8마리
라우람(베트남 고수) 1/4단
쪽파 5대
생강 3cm
배추 1/2통
소금
참기름
사각 만두피(10 x 10cm) 20장

완성, 플레이팅
마이크로 허브
갈색 맑은 닭 육수 1리터

푸아그라 FOIE GRAS
푸아그라를 냉장고에서 꺼내 상온에 둔다. 넉넉한 소금에 푸아그라를 굴려 30분간 둔다. 헹구어 낸 다음 66℃ 스팀 오븐 또는 찜기에 넣어 익힌다. 푸아그라 심부 온도가 46℃가 되도록 한다. 꺼내서 식힌 뒤 1~1.5cm 두께로 슬라이스한다.

버섯 초절임 CHAMPIGNONS AU VINAIGRE
냄비에 만가닥버섯과 닭 육수를 넣고 가열한다. 뚜껑을 닫은 채로 1분간 끓인다. 불에서 내린 뒤 식초, 설탕, 헤이즐넛 오일, 소금을 넣어준다. 식힌다.

군만두 RAVIOLES CROUSTILLANTES
닭 가슴살과 새우살을 칼로 잘게 다진다. 라우람과 쪽파도 잘게 썬다. 생강은 껍질을 벗긴 뒤 강판에 간다. 배추를 가늘게 썬 다음 볼에 넣고 고운 소금을 뿌려 30분 정도 절인다. 배추를 물에 헹군 뒤 꼭 짠다. 절인 배추, 생강, 쪽파, 라우람, 새우살, 닭 가슴살을 고루 섞어 소를 만든다. 만두피에 소를 채워 넣은 뒤 교자 모양으로 빚는다. 팬에 만두를 놓고 물을 높이 반쯤 오도록 붓는다. 참기름도 1티스푼 정도 넣어준다. 물이 완전히 증발할 때까지 찌듯이 한 면만 구워 익힌다.

완성하기 FINITIONS
만두를 뒤집어 노릇하게 구워진 면이 위로 오게 접시에 담는다. 푸아그라를 따뜻하게 데워 옆에 담는다. 나머지 재료를 보기 좋게 얹어 곁들인다. 뜨거운 갈색 닭 육수를 작은 주전자에 따로 담아 서빙해 먹을 때 부어준다.

속을 채운 모렐버섯 셰리와인 조림
MORILLES FARCIES, BRAISÉES AU XÉRÈS

6인분

준비
1시간 30분

냉장
1시간

조리
30분

도구
짤주머니

재료

모렐버섯
생모렐버섯(곰보버섯) 36개
화이트 식초 100ml
천일염 10g

스터핑
송아지 흉선 350g
화이트 식초 100ml
천일염 10g
가염버터 150g
샬롯 200g
생햄(프로슈토, 하몬 등) 100g
분홍 마늘 5톨
엑스트라버진 올리브오일 50ml
레몬타임 1단
셰리와인(Tio Pepe) 1병
갈색 송아지 육즙 소스 500ml
처빌 1단
소금(플뢰르 드 셀)
그라인드 후추

완성, 플레이팅
파르메산 치즈 셰이빙
호두살
매리골드 잎

모렐버섯 MORILLES
모렐버섯을 씻은 뒤 꼭지를 잘라낸다(p.35 테크닉 참조). 물 1리터에 식초와 소금을 넣고 팔팔 끓인 뒤 모렐버섯을 넣고 30초간 데친다. 모렐버섯은 생으로 먹지 않는 버섯으로, 끓는 물에 데쳐 독소를 제거하는 과정은 매우 중요하다. 데쳐낸 버섯을 식힌 뒤 사용할 때까지 냉장고에 보관한다.

스터핑 FARCE
다른 냄비에 물을 끓인다. 식초와 천일염을 넣어준다. 여기에 송아지 흉선을 넣고 최소 10분간 데친다. 식힌 뒤 흉선 막 껍질을 벗기고 지방 부위를 떼어낸다. 오븐팬 두 장 사이에 흉선을 놓고 그 위에 1kg 정도 무게를 얹어 눌러준다. 냉장고에 넣고 약 1시간 동안 물기를 빼준다. 송아지 흉선을 작은 주사위 모양으로 썬다. 팬에 올리브오일을 뜨겁게 달군 뒤 송아지 흉선을 넣고 지진다. 가염버터 10g을 첨가한 뒤 노릇하게 색이 나도록 지진다. 건져서 여분의 기름을 뺀다. 샬롯을 잘게 썰고(p.56 테크닉 참조) 생햄은 브뤼누아즈로 잘게 깍둑 썬다(p.60 테크닉 참조). 마늘은 반으로 잘라 싹을 제거한 뒤 잘게 다진다(p.54 테크닉 참조). 송아지 흉선을 지져낸 팬에 버터를 두른 뒤 샬롯을 볶는다. 잘게 썬 햄과 마늘을 넣고 함께 볶아준다. 레몬타임을 첨가하고 소금, 후추로 간을 한 다음 셰리와인 100ml를 넣어 디글레이즈 한다. 와인이 졸아들면 깍둑 썰어둔 송아지 흉선을 넣고 송아지 육즙 소스 100ml를 넣어준다. 약하게 끓는 상태를 유지하며 약 15분 정도 뭉근히 익힌다. 식힌다. 스터핑이 식으면 잘게 썬 처빌을 넣어준다. 짤주머니에 넣은 뒤 모렐버섯 안에 이 소를 채워 넣는다.

완성하기 FINITIONS
남은 가염버터를 소테팬 바닥에 넉넉히 발라준 다음, 속을 채운 모렐버섯과 레몬타임을 넣어준다. 송아지 육즙 소스를 재료 높이만큼 붓고 셰리와인을 넣어준다. 약불로 뭉근히 익힌다. 중간중간 버섯에 국물을 끼얹어가며 윤기나게 졸인다.

플레이팅 DRESSAGE
우묵한 접시에 버섯을 담고 파르메산 치즈 셰이빙, 호두살을 고루 곁들인다. 매리골드 잎을 얹어 마무리한다.

부록
ANNEXES

테크닉
찾아보기

감사의 말

이 책의 제작에 열정을 갖고 참여해주신 제레미 바르네 (Jérémie Barnay), 스테판 자키(Stéphane Jakic), 프레데릭 르수르(Frédéric Lesourd)를 비롯한 **페랑디 파리**의 셰프들, 꼼꼼한 진행과 소통을 총괄해 준 오드리 자네(Audrey Janet), 소중한 정보와 지식을 제공해 준 에스테렐 파야니 (Estérelle Payany), 사진작가 리나 누라(Rina Nurra), 아름다운 디자인으로 이 책을 더욱 빛내준 알리스 르루아 (Alice Leroy) 님에게 깊은 감사를 전합니다.

주방용품 및 도구 협찬에 도움을 주신 마트페르 부르즈아 (Matfer Bourgeat) 그룹 및 홍보 이사 마린 모라(Marine Mora) 님, 주방도구 전문점 모라(Mora) 측에도 깊은 감사를 드립니다.